土木・環境系コアテキストシリーズ A-3

土木・環境系の国際人英語

井合　進・R. Scott Steedman 共著

コロナ社

土木・環境系コアテキストシリーズ
編集委員会

編集委員長

Ph.D. 日下部 治（東京工業大学）
〔C：地盤工学分野 担当〕

編集委員

工学博士 依田 照彦（早稲田大学）
〔B：土木材料・構造工学分野 担当〕

工学博士 道奥 康治（神戸大学）
〔D：水工・水理学分野 担当〕

工学博士 小林 潔司（京都大学）
〔E：土木計画学・交通工学分野 担当〕

工学博士 山本 和夫（東京大学）
〔F：環境システム分野 担当〕

2011 年 3 月現在

刊行のことば

　このたび，新たに土木・環境系の教科書シリーズを刊行することになった。シリーズ名称は，必要不可欠な内容を含む標準的な大学の教科書作りを目指すとの編集方針を表現する意図で「土木・環境系コアテキストシリーズ」とした。本シリーズの読者対象は，我が国の大学の学部生レベルを想定しているが，高等専門学校における土木・環境系の専門教育にも使用していただけるものとなっている。

　本シリーズは，日本技術者教育認定機構（JABEE）の土木・環境系の認定基準を参考にして以下の6分野で構成され，学部教育カリキュラムを構成している科目をほぼ網羅できるように全29巻の刊行を予定している。

　　　A分野：共通・基礎科目分野
　　　B分野：土木材料・構造工学分野
　　　C分野：地盤工学分野
　　　D分野：水工・水理学分野
　　　E分野：土木計画学・交通工学分野
　　　F分野：環境システム分野

　なお，今後，土木・環境分野の技術や教育体系の変化に伴うご要望などに応えて書目を追加する場合もある。

　また，各教科書の構成内容および分量は，JABEE認定基準に沿って半期2単位，15週間の90分授業を想定し，自己学習支援のための演習問題も各章に配置している。

　従来の土木系教科書シリーズの教科書構成と比較すると，本シリーズは，A

刊行のことば

分野（共通・基礎科目分野）にJABEE認定基準にある技術者倫理や国際人英語等を加えて共通・基礎科目分野を充実させ，B分野（土木材料・構造工学分野），C分野（地盤工学分野），D分野（水工・水理学分野）の主要力学3分野の最近の学問的進展を反映させるとともに，地球環境時代に対応するためE分野（土木計画学・交通工学分野）およびF分野（環境システム分野）においては，社会システムも含めたシステム関連の新分野を大幅に充実させているのが特徴である。

　科学技術分野の学問内容は，時代とともにつねに深化と拡大を遂げる。その深化と拡大する内容を，社会的要請を反映しつつ高等教育機関において一定期間内で効率的に教授するには，周期的に教育項目の取捨選択と教育順序の再構成，教育手法の改革が必要となり，それを可能とする良い教科書作りが必要となる。とは言え，教科書内容が短期間で変更を繰り返すことも教育現場を混乱させ望ましくはない。そこで本シリーズでは，各巻の基本となる内容はしっかりと押さえたうえで，将来的な方向性も見据えた執筆・編集方針とし，時流にあわせた発行を継続するため，教育・研究の第一線で現在活躍している新進気鋭の比較的若い先生方を執筆者としておもに選び，執筆をお願いしている。

　「土木・環境系コアテキストシリーズ」が，多くの土木・環境系の学科で採用され，将来の社会基盤整備や環境にかかわる有為な人材育成に貢献できることを編集者一同願っている。

2011年2月

編集委員長　日下部　治

まえがき

国際人への扉

　グローバリゼーションが急速に進展しています。そこには，ビッグチャンスの到来と国際競争の激化という大きな流れがあります。このような流れの中で，国際人としてのコミュニケーションの力が，ますます重要になっています。しかし，英語への苦手意識や上達の壁を感じている人も多いかもしれません。本書は，このような読者を念頭に書かれたものです。

　日本人は英語を読む力が高いとされています。しかし，この思い込みが日本人の英語の力のレベルを上げるうえでの大きな障害になっていると著者らは考えています。英語を日本語風の文に直して読む力は高いのですが，英語で書かれた内容を「英語のまま読む」力が足りないのです。そこで，本書では一見遠回りになりますが，まず，1章で英語で読む力をつける方法を学びます。

　英語を英語のまま読む力がつき，かつ読むスピードも上がってくると，じつは聞く力のレベルアップの下準備も完了となります。そこで，2章では英語で聞く力を上げるためのポイントを解説しています。

　英語を英語のまま読んだり聞いたりできるようになったら，つぎが英語で話す力のレベルアップの段階となります。3章で英語の発音の基礎の復習を兼ねて，そのポイントを解説しています。

　1～3章の学習により英語の基礎が身についたら，国際人として英語をさらに自由に使えるようになるための下準備も完了します。そこで，4～5章では，英語を自然な流れ（文脈）でつかんでいく練習をしていきます。その過程で，英語が以前より身近に感じられるようになれば，英語によるコミュニケー

ションの力に少し幅が出てきたことになります。

　英語が身近になってきたところで，文章の流れの基礎を改めてきちんと学習して，自分のもの（力）にしていきます。6章で，その基礎事項を学習していきます。4～6章（特に6章）で学ぶのはかなり高度なテクニックですが，じつは英語のみならず日本語にも共通するものです。一度そのコツをマスターしてしまうと，幅広く使えます。確実に，もの（力）にしてください。

　一方で，日本人には通じない（ことが多い）英語ならではの表現もあります。これを7章で学びます。この表現は，英語の論理の心ともいえる重要なもので，数への徹底的なこだわりに根差す冠詞の表現です。冠詞の使い方は，英語の授業でも教えてくれるのですが，日本人にはなかなか身につかない難しさがあります。本書では，英語の心にまで立ち入って，これを勉強していきます。

　以上の内容をひととおりマスターしたうえで，実際に英語で書いていきます。その際のポイントを，8章にまとめています。さらに，国際人としての英語によるコミュニケーションに役立つ可能性が高い知識を，9章にまとめておきました。

　本書全体を通して，英語の文章例には土木・環境系のものを数多く使っています。さらに，土木・環境系シリーズの基礎科目としての位置づけの観点から，10～15章にそれぞれ理論・数値解析，構造，地盤，水理，計画，環境の各系での表現例を示しています。

　本書で学んだことを基礎として，さらにその先の学習へとつなげることも大切です。各章末の演習は，このような点に配慮し，本書以外の適当な教材（映画，洋書など）の使用も念頭においたものとしています。このように英語の学習方法に幅や広がりが出るように工夫し，日常的に英語に接する機会を増やしていくと，本書で学んだことが確実に自分の力となっていくでしょう。

　　　　イラストは，広島大学上田温子氏の手によるものです。また，京都大
　　　　　　　は，本書の草稿を通読いただき，読みやすさや内容の難易度に
　　　　　　　だきました。ここに記して，謝意を表します。

まえがき

　本書による学習を通じて，英語による国際人としてのコミュニケーションの力が，いつのまにか自然に自分のものとなっていくことを願っています。

英語の授業を担当される大学教員の方へ

　本書は，国際人としてのコミュニケーションの力をレベルアップするためのテクニックを解説しています。レベルは高度です（TOEICであれば900点以上を目指すレベル）。本書は大学受験英語の基礎が完了していることを前提として，その上の内容を解説していますので，高校までの英語のおさらいを中心に授業を組み立てる場合には，本書以外の教材をお使いいただくのがよいでしょう。

　国際人としてのコミュニケーションには，きちんとした基礎の力と幅広く柔軟な応用の力の両方が必要となります。本書を通じて，国際人としてのコミュニケーションに必要な種々の練習を積み重ね，関連する知識を学んでいくことにより，コミュニケーションの手段としての英語が，より自由に使えるようになっていきます。

　本書を大学学部半期15週の授業での教科書，もしくは副読本としてお使いになる際には，時間配分として各章を1回の講義で読み切るのがよいでしょう。全15章のうち，1～3章，6～8章がきちんとした（高度な）基礎の力をつけることを目的とした内容となります。特に6～8章が重要で，必要があれば，それぞれ2回ずつを当ててもよいでしょう。

　4，5，9章はページの分量は多いですが，肩の力を抜いて学ぶことができる応用編の内容なので，学習も早いでしょう。

　10～15章に，土木・環境系の例文を用いた解説をしています。1～3章，6～8章の基礎事項の再確認も兼ねて，お使いいただくとよいでしょう。

　本書をお使いいただく際には，授業とつぎの週の授業の間の1週間の時間を，生きた学習の時間とするように，最大限利用するようにご配慮いただくとよいでしょう。各章末の演習をヒントに，学生に宿題を与え，それを毎週確認していくことにより，授業の効果の確認や今後の授業方法の改善などに役立て

るのもよいかもしれません。

　「TOEICであれば900点以上を目指すレベル」と書きましたが，実際にTOEICを900点以上取るためには，本書の学習に加え，さらに適当な語学教材を用いて，徹底的に練習を積み重ねる必要があります。そのレベルになれば，国際人としてのコミュニケーションもかなり自然なものになっていくでしょう。

　授業における発音やリスニングの練習の際には，英語圏の人（a native speaker of English）の応援を依頼するのがベストです。外国人であっても，英語圏の人とは限らず，その代用にもならないことが多いので，このあたりは要注意です。適当な方が見つからない場合には，適当な視聴覚教材を使うのもよいでしょう。生きた英語に接する時間を少しでも増やすように工夫していきましょう。

　2013年1月

井合　進
R. Scott Steedman

目 次

1章 頭からすらすらと

1.1 カタマリを意識する　*2*
1.2 頭から順に理解する　*4*
1.3 頭が重い（長い）　*6*
1.4 頭から聞いていく　*9*
1.5 読むスピードを上げていく　*13*
演 習 問 題　*16*

2章 初めが肝心

2.1 重要なカタマリをつかむ　*18*
2.2 初めのほうに意識を集中する　*21*
2.3 全体的な流れに沿って　*24*
演 習 問 題　*28*

3章 英語でしゃべる

3.1 ビートを利かせる　*30*
3.2 母　　　音　*32*
3.3 子　　　音　*35*
3.4 流れとリズム　*36*
演 習 問 題　*38*

4章 英語の遊び心

4.1 ぶぶ漬けの文化　　40
4.2 敬意を込めて　　41
4.3 悪くないね　　42
4.4 考えときます　　45
4.5 そういえば　　47
4.6 残念です　　50
演習問題　52

5章 英語の周辺

5.1 this と that　　54
5.2 we と you　　55
5.3 英語で敬語　　58
5.4 裏返しの丁寧表現　　63
5.5 アー，ウー　　64
5.6 あいづち　　65
5.7 four letter words　　68
5.8 感　謝　　70
5.9 謝　罪　　72
演習問題　74

6章 文章の流れ

6.1 一つのパラグラフには一つの内容　　76
6.2 トピック・センテンス　　78
6.3 パラグラフの形式　　80
6.4 頭からすらすらと書く　　83
6.5 主語と述語のカタマリ　　86
演習問題　90

7章　英語ならではの表現

7.1　a (an)　*92*
7.2　可算と不可算　*93*
7.3　the　*96*
7.4　数の意識　*100*
演習問題　*103*

8章　英語で書く

8.1　文の固さ　*105*
8.2　時の流れ　*107*
8.3　アブストラクトでの時制　*111*
演習問題　*113*

9章　言葉の先にあるもの

9.1　固まった際のお助け言葉　*115*
9.2　手を上げる　*116*
9.3　ディナーへのご招待　*118*
9.4　英語での冗談　*128*
9.5　会議のセット　*132*
演習問題　*136*

10章　理論・数値解析での表現例

10.1　基本形　*138*
10.2　わかりやすい英文表現に近づける　*141*
10.3　数値解析表現でのパラグラフの構成　*142*
演習問題　*146*

11章　構造系での表現例

11.1　平面応力と平面ひずみ　*148*

11.2　片持ち梁の曲げ　*150*

演 習 問 題　*154*

12章　地盤系での表現例

12.1　擁壁に加わる土圧　*156*

12.2　土 の せ ん 断　*159*

演 習 問 題　*163*

13章　水理系での表現例

13.1　Lagrangian 法と Eulerian 法　*165*

13.2　微視的／巨視的な流体モデル　*168*

演 習 問 題　*171*

14章　計画系での表現例

14.1　システムと状態　*173*

14.2　拘 束 条 件　*175*

演 習 問 題　*179*

15章　環境系での表現例

15.1　低炭素建設産業　*181*

15.2　持 続 可 能 性　*183*

演 習 問 題　*186*

引用・参考文献　*187*

索　　　　引　*189*

1章 頭からすらすらと

◆ 本章のテーマ

　本章では，英文をすらすらと読んでいく練習をしましょう。英文を前から読んだり後ろから読みなおしたりして，日本語風の文章に直して読むのではありません。英語が出てくる順で頭から意味をつかんでいくのです。この章により，読むスピードが上がってくれば，英語を英語のままで読んだり聞いたりする力の基礎が身に付いてきたことになります。

◆ 本章の構成

1.1　カタマリを意識する
1.2　頭から順に理解する
1.3　頭が重い（長い）
1.4　頭から聞いていく
1.5　読むスピードを上げていく

◆ 本章を学ぶと以下の内容をマスターできます

☞　英語のままで読む力
☞　読むスピードの向上

1.1 カタマリを意識する

〔例文 1.1〕
Many striking photographic images have come to define aspects of the twentieth century, some, of course, quite horrible. <u>One that has rightly achieved iconic status is the view of the earth first obtained from within the lunar orbit during the Apollo programme of the 1960s.</u> Ever since the time of Galileo people have gazed at the planets through telescopes and wondered about conditions there and the possibility of life existing in these distant worlds. But compared with the view of the earth from near space these planets look quite uninteresting. The great surprise was the realization that our planet is very beautiful and yet seems to be so delicate (Fig.1.1). At the time of the first moon landing Norman Cousins, a columnist in the New York Saturday Review, made an important observation : "What was most significant about the lunar voyage was not that men set foot on the moon, but that they set eye on the earth."

―― Michael J. Pender : Designing for Sustainability, From the Big Picture to the Geotechnical Contribution (2011) より

例文1.1のうち，下線の文をふつうに和訳してみましょう（図1.1）。

図1.1　宇宙船 Apollo からの地球の映像（NASA）

1.1 カタマリを意識する

【ふつうの和訳】

① まさに象徴的なステータスシンボルとなったのが，⑤ 1960年代のアポロ計画での ④ 月飛行航路から ③ 世界で初めて得られた ② 地球の映像だった。

【英文での対応箇所】

① One that has rightly achieved iconic status is ② the view of the earth ③ first obtained ④ from within the lunar orbit ⑤ during the Apollo programme of the 1960s.

下線の文では，①②の一カタマリが一つの意味を表します。これは英文でも和文でも同じです。このカタマリをざくっと一つかみするように意識して読んでいくと，英語が読みやすくなります。

ふつうの和訳では，②〜⑤の順が英文の順と逆になっています。このような和訳を作るには，②〜⑤の英文を後ろから読む必要があります。

つぎに，一つの文をいくつかの文に分割してしまってもよいことにして，下線の文で英語が出てくる順のまま，頭から和訳してみましょう。

【頭からすらすら訳】

① まさに象徴的なステータスシンボルとなったのが，② 地球の映像であった。

　②' その映像は，③ 世界で初めて得られた映像であった。

　　③' それが得られたのは，④ 月飛行航路からであった。

　　　④' その月飛行は，⑤ 1960年代のアポロ計画でのことであった。

頭からすらすら訳では，①②，②'③，③'④，④'⑤の順で，英文での順序を入れ替えないで，目に入った順に，頭から丸ごと訳していっています。その際に，一つの文の中から，つぎのように，一つのカタマリで一つの文になるように，うまく分割していくことがポイントとなります。

①②

　　　　②' ③
　　　　　③' ④
　　　　　　④' ⑤

　一カタマリにする範囲は，「述語（動詞）が出てきたら，その前後あたり」という感じで，アタリをつけていきます．下線の文では，まず①②を一カタマリとし，つぎに③で動詞が出てくるので，そこで一カタマリとする感じで，ざくっとつかんでいくとよいでしょう．慣れてきたら，動詞の前後にあたる③④で一カタマリとしてもよいでしょう．

　なお，追加説明するカタマリは，追加説明される単語を主語として二重に使って，一カタマリとします（②'，③'，④'）．

1.2 頭から順に理解する

　1.1節で学んだように，少し大きめのカタマリを意識して，ざくっとその内容をつかんでいく読み方は，英文でも和文でも変わりません．これに対して，英文と和文で異なる点もあります．

　英文では，一つのカタマリについての追加説明が必要な場合，そのカタマリの後ろに別のカタマリとして追加説明をつける形が多くなります．1.1節に示した例文1.1の下線の文では，①②の一カタマリのうち②についての追加説明が，③④という別のカタマリでついてきています．さらに，③④のカタマリのうち④についての追加説明が，⑤という追加説明のカタマリでついてきています．

　かりにAに対する追加説明がBであるとして，この関係をA←Bのように書くとすれば，以下のような流れになります．

　　　　①② ← ③④ ← ⑤

【頭からすらすら訳】
　① まさに象徴的なステータスシンボルとなったのが，② 地球の映像で

あった。

　←（それは）③ 世界で初めて得られた映像で，④ 月飛行航路からであった。

　←（それは）⑤ 1960年代のアポロ計画でのことであった。

【英文での対応箇所】

① One that has rightly achieved iconic status is ② the view of the earth
　← ③ first obtained ④ from within the lunar orbit
　　← ⑤ during the Apollo programme of the 1960s.

これに対して和文では，追加説明のカタマリを，追加説明されるカタマリの手前に押し込むことが多くなります。例えば，⑤ というカタマリは ④ の追加説明なので，⑤ を ④ の前に押し込めます。さらに，③④ のカタマリが ② の追加説明なので，② の前に押し込めます。このようにして，1.1 節の初めに示したふつうの和訳ができあがります。

これを矢印を使って書くと，ふつうの和訳に示した和文は，以下のような流れになります。

　　①⑤ → ④ → ③ → ②

上に示した英文と和文の流れを比較すると，②〜⑤ の順序が，英文と和文では逆になっていることがわかります（図 1.2）。

図 1.2　和訳の時

このルールに合わせて英文を読むとすれば、まず1回目は英語の順に読んでいって、アタリをつけながらカタマリにしていき、2回目は同じ文を後ろから読み直して、その順に後ろから訳していく作業が必要となります。結果として、一つの文を最低2回は読まなければ、つぎの文に進めないということになります。

このような読み方では、読むのに時間がかかり、疲れます。さらに具合が悪いのが、文章全体の流れに乗って読んでいくという読書の楽しみとは無縁の世界に落ち込んでしまうことです。

このような世界から抜け出して、1.1節に示した頭からすらすら訳のような読み方を練習していきましょう。その際に、一つのカタマリの意味をざくっと一つかみにすることがポイントです。これを意識しておけば、一つのカタマリの中で訳したときの単語の順序が変わってしまっても、まったく問題ありません。

また、カタマリが出てくる順番に頭からすらすらと訳していきましょう。カタマリの順番のほうは、英文で出てくる順番と同じにし、絶対に変えないことがポイントです。その代わり、一つの文を分割していきます。

このコツが習得できると、しだいに読むスピードが速くなっていきます。また、読む力のみならず、じつはリスニングの能力も向上していくのです（2章参照）。

1.3 頭が重い（長い）

〔例文 1.2〕

Catastrophic failures in recent earthquakes have provided a sobering reminder that liquefaction of sandy soils as a result of earthquake ground shaking poses a major threat to the safety of civil engineering structures. Major landslides, lateral

---

Technical terms：liquefaction「液状化」, sandy soils「砂質土」, civil engineering structures「土木構造物」, landslides「地すべり」, lateral movements「側方運動」

movements of bridge supports, settling and tilting of buildings, and failure of waterfront retaining structures have all been observed in recent years as a result of this phenomenon and efforts have been increasingly directed to the development of methods of evaluating the liquefaction potential of soil deposits.

―― H. Bolton Seed and Izzat M. Idriss：Simplified procedure for evaluating soil liquefaction potential（1971）より

例文1.2のうち，下線の文をふつうに和訳してみましょう（図1.3）。

図1.3　頭が重い

【ふつうの和訳】

①近年の地震による大災害は，④地震のゆれによる③砂質土の液状化が⑤⑥土木構造物の安全性へ大きな脅威となるということを，②改めて心底から認識させるものであった。

【英文での対応箇所】

①Catastrophic failures in recent earthquakes have provided ②a sobering reminder that ③liquefaction of sandy soils ④as a result of earthquake ground shaking ⑤poses ⑥a major threat to the safety of civil engineering structures.

Technical terms：bridge supports「橋梁基礎」，waterfront retaining structures「護岸建造物」，soil deposits「地盤」

下線の文では①②で一カタマリ，③〜⑥で別の一カタマリとなります。ここでちょっとやっかいなのが，③〜⑥のカタマリのうちの③〜⑤の部分です。基本形としては③⑤⑥で一カタマリなのですが，③の追加説明として④が⑤の前に押し込んで入ってきている点，和文に近いかもしれません。

　このような英文の場合，③〜⑤という長い句が頭となり，これを受けて⑥が来て，ようやく一カタマリとなります。1.1節の例文の場合よりも，もう少し全体を眺めるような大きなスタンスで，大きめのカタマリをざくっと一つかみするように読んでいくとよいでしょう。

【頭からすらすら訳】

　① 近年の地震による大災害は，② 心底から新たな認識を促すようなものであった。

　　②' その認識とは，③ 砂質土の液状化が ④ 地震のゆれの結果 ⑤⑥ 土木構造物の安全性への大きな脅威となるという事実であった。

　この例では，頭が重（長）いといっても，それほど苦にならないかと思いますが，一般に，頭が重すぎる文は，英文としても悪文です。和文の感覚で英文を書くと，結果として頭が重すぎる文になることが多いので，読み直しの段階で，もしそのことに気がついたら，工夫して，頭を軽（短か）くしましょう。

　なお，頭を軽くするというポイントについても例外はあります。英文でも，あえて頭を重くすることもあるのです。この場合，カタマリのポイントとなる動詞（述語）がなかなか出てこないので，これを読まされる（英語圏の）人は，息が詰まってくるイライラ感が出てきますが，これを逆用して，重い頭に続く述語のインパクトを高めるというような効果を出すのです。

　失敗する確率が高いテクニックなので，英作文のテクニックとしては要注意です。しかし，英文を読む際には，こんな方法もあるのか，と参考程度に知っておくのもよいでしょう。その一例として，例文1.2の2番目の文の前半を見てみましょう。

【頭からすらすら訳】

① 大規模な地すべり，橋梁基礎の側方移動，建築物の沈下や傾斜，護岸構造物の降伏，② これらすべてが近年観測されている。

①' これらの災害が発生したのは，③ この（液状化）現象の結果としてである。

【英文での対応箇所】

① Major landslides, lateral movements of bridge supports, settling and tilting of buildings, and failure of waterfront retaining structures have ② all been observed in recent years ③ as a result of this phenomenon

頭の ① が重いのですが，それを ② の中の all（これらすべて）でまとめ直すようにフォローしたうえで，①② で一カタマリとしています。all といった際に，あたかも，それまでリストアップしてきた ① の内容を全部覚えているだろうな，と念押しされているような感じも出てきています。下手をすれば悪文となりますが，all のような助けを上手く使って，インパクトのある文になっている例です。

ちなみに，本節の例文 1.2 は，地盤の液状化の研究で著名な H. B. Seed が，1971 年に共著で書いた液状化の簡易予測法の論文の冒頭部分です。そこで提案された方法の基礎理論は，液状化危険度マップ作成などに今でも広く世界中で使われています。

1.4　頭から聞いていく

英文をカタマリでつかみ，カタマリの順を変えないで頭からすらすら読むように意識していくと，読む力が上がってくるだけでなく，じつは聞く力も自然と上がってきます。つぎの会議中の発言（のテープ起こし）の文章を読んでみましょう。

〔例文1.3〕

I would like to say that it seems to me a possibility and this is my final remark that we have got to the stage in centrifuge technology where we could use a little better organization. We have all struggled with the problem of too many papers scattered in too many journals in general on any subject that you care to mention. I think we are in a nice developmental stage in centrifuge technology where it would be useful to set up at the very least a central handling organization for the wealth of papers which are beginning to appear.

　　　——地盤工学会：Geotechnical Centrifuge Model Testing（1984）より

例文1.3のうち，下線の文を頭からすらすらと和訳してみましょう。

【頭からすらすら訳】

　①私はつぎのように申し上げたいのです。

　　②これは有望だと思います，そして③これを最後の意見にしようと思いますが，④遠心力研究においてわれわれはある段階に到達したといえます。

　　　④'その段階というのは，⑤もう少し高度な組織力が利用できる段階です。

【英文での対応箇所】

　① I would like to say ② that it seems to me a possibility and ③ this is my final remark ④ that we have got to the stage in centrifuge technology ⑤ where we could use a little better organization.

　日本語でも英語でも同じことですが，聞き取りでは，耳に入った順に聞いて理解していきます。この際には，カタマリを意識して，つぎつぎとカタマリを作りながら，その順を変えずに頭からすらすらと訳していくことが，特に大き

　　Technical terms：centrifuge「遠心力」

なポイントとなります。

例文1.3では，1.3節までのカタマリよりも，大きめのカタマリを入れてみました。下線部の④のカタマリは，1.3節では主部と述部で一つずつ別の番号をつけて分割しておいたうえで，読み方の説明の際に，これらをまとめて一カタマリとすると書きました。大きめのカタマリで読むことに慣れてきたら，この例のように，動詞の前後をまとめて一カタマリにしてしまいましょう。

この調子で，そのつぎに続く文も，どんどん訳していきましょう。

【頭からすらすら訳】

① 私たちは皆 ② あの問題に苦労してきました。

②' あの問題とは，③ 多すぎる論文が，多すぎる学術雑誌にばらばらに掲載されている問題です。これは一般にどのような研究課題についてでもいえます。

③' その課題とは，④ 思いつくどんな課題についてでもです。

⑤ 思うに，⑥ 遠心力研究は順調に発展してきて，一つの段階を迎えています。

⑥' その発展段階で，⑦ 少なくとも，立ち上げると有用だと思われるものがあります。

⑦' それは，⑧ 論文の資源を集中管理する組織です。

⑧' それらの論文とは，⑨ これからどんどん出てくる論文についてです。

【英文での対応箇所】

① We have all struggled with ② the problem of ③ too many papers scattered in too many journals in general on any subject ④ that you care to mention. ⑤ I think ⑥ we are in a nice developmental stage in centrifuge technology ⑦ where it would be useful to set up at the very least ⑧ a central handling organization for the wealth of papers ⑨ which are beginning to appear.

コラム

秋二つ

　本節の例文 1.3 は，1984 年に東京で開催された遠心力載荷装置による実験に関する国際シンポジウムの質疑応答部分からの抜粋で，月面の土質力学などでも有名な R. F. Scott の閉会でのまとめの発言の一部です．例文 1.3 の内容がしばらく続いた後，Scott はつぎのような洒落たコメントで締めています．

One last thing for the Japanese members. I have been fond of the verse form HAIKU for some time. And so I thought at the end of the meeting, if in fact this is the end, I would put up a HAIKU that has to do with leaving or parting. Here it is. The English form is "<u>I go, thou stayest, two Autumns.</u>"

　下線は俳句の英訳で，thou stayest は古文調のフォーマルな英語で，現代英語では you stay に相当します．正岡子規が夏目漱石に別れの句として送った

　　　　「行く我に　とどまる汝（なれ）に　秋二つ」

なのですが，やはり超一流の先生ともなると，専門分野の知識はもとより，海外の文化や芸術に関する造詣も深いようです．

図 1.4　秋二つ

なお，two Autumns は，テープ起こしでは聞き取り違いで（Scott が知っている子規の句を，テープ起こしの日本人担当者が知らなかったらしく！？）to Autumn に化けていたのがご愛嬌でした（図 1.4）。英語圏の人たちは，英語でのコミュニケーションの場でも，国際人として日本の歴史・文化や仏教の教えなどの話を，とても興味深く聞いてくれますよ。

（記：井合　進）

1.5　読むスピードを上げていく

　慣れないうちは，英語圏の人たちの英語は早口すぎて聞き取れない，と感じることが多いでしょう。そこで，聞き取る力をなんとか向上させようと英会話の教材を買って練習をはじめるのですが，なかなか簡単には向上せず，苦い思いをさせられます。

　その原因の多くが，じつは読む力が未熟で，読むスピードが遅すぎる点にあることは，あまり知られていないようです。

　読むためには目を，聞くためには耳を使うので，読むと聞くとでは，一見，無関係な能力のように見えるかもしれません。しかし，読んで内容を理解するスピードが遅すぎると，かりに耳では単語などの聞き取りができていても，聞き取ったはずの英文全体の内容を理解するスピードも遅すぎるので，結局，内容が理解できない結果となることが多いのです。

　日本人が和文を読む場合，声に出して読むスピードよりも，黙って読む際のスピードのほうが，かなり速いのが普通です。自分より早口な人の（日本）語を聞いて，その内容を理解できるのは，黙って読んで理解するスピードのほうが速いことと密接に関係しています。英語でも同じようなことがいえます。

　読むスピードをどんどん上げていきましょう（図 1.5）。以下の文章を，目だけで，読んでみましょう。

図1.5 スピードを上げる

〔例文1.4〕

The finite element method is a generally applicable method for getting numerical solutions. Problems of stress analysis, heat transfer, fluid flow, electric fields, and others have been solved by finite elements. This book emphasizes stress analysis and structural mechanics. Other areas are treated in a way that is easy for stress analysts to understand. The formulation and computation procedures of finite elements are much the same in all areas of application.

—— Robert D. Cook：Concepts and Applications of Finite element Analysis (1981) より

【頭からすらすら訳】

① 有限要素法は ② 汎用性のある手法である。

②' その手法は，③ 数値解を求めるためのものである。

④ 応力解析，熱伝導，流体の流れ，電磁場，その他の問題は，⑤ 有限要素により解かれてきた。

⑥ この本は，⑦ 応力解析と構造力学に焦点を当てている。

⑧ その他の分野はつぎのように取り扱われている。

Technical terms：finite element method「有限要素法」，numerical solutions「数値解」，stress analysis「応力解析」，heat transfer「熱伝導」，fluid flow「流体の流れ」，electric fields「電磁場」，structural mechanics「構造力学」，formulation「定式化」，computation「解析」

⑧'すなわち，⑨応力解析者が理解しやすいように。
⑩有限要素の定式化と解析手順は，ほとんど同じである。⑪すべての応用分野で。

【英文での対応箇所】

①The finite element method is ②a generally applicable method ③for getting numerical solutions. ④Problems of stress analysis, heat transfer, fluid flow, electric fields, and others have been solved ⑤by finite elements. ⑥This book emphasizes ⑦stress analysis and structural mechanics. ⑧Other areas are treated in a way ⑨that is easy for stress analysts to understand. ⑩The formulation and computation procedures of finite elements are much the same ⑪in all areas of application.

例文1.4は，一文一文が一カタマリに近いので，カタマリは瞬時にできるでしょう。一つひとつのカタマリには，専門用語が含まれているので，これらの専門用語の内容を知っていれば，大まかな内容は単語だけ並べる感じでもざくっとつかめるので，読むスピードも上がってきます。

読むスピードが上がってきて，読むのにも余裕が出てきたら，カタマリとカタマリの内容的なつながり方に意識を広げていきましょう。

まず，初めの①②③までのカタマリで，「有限要素法は汎用性あり。数値解を求めるためのもの。」といっています。つぎの④⑤のカタマリで，「汎用性あり」をフォローして，「応力解析，熱伝導，流体の流れ，電磁場，その他の問題は，有限要素で解ける」といっています。

つぎの⑥⑦では，初めでは「汎用性あり」と述べましたが，じつは「この本は，応力解析や構造力学という特定の問題に焦点を当てている。」といっています。続けて，⑧⑨のカタマリで，「その他の分野もうまく扱っている。」とフォローしています。

最後に，⑩⑪のカタマリで「有限要素の定式化と解析手順は，すべての応用分野でほとんど同じだ。」と結び，初めのカタマリで述べたことをダメ押し

して，文章の1段落を閉じています。

このように，カタマリとカタマリの内容的なつながり方に意識を広げていくと，さらに読むスピードが上がり，かつ全体的な内容も楽につかめるようになっていきます（6章参照）。

演習問題

〔1.1〕 自分の好きなジャンル（土木・環境系の固い内容のものでも，推理小説やアクションものでもよい）の洋書を読み，その中の1段落（パラグラフ）を書き出して，どのようなカタマリで読んだのかがわかるように，番号を付けて示すとともに，その段落の「頭からすらすら訳」を書いてみましょう。

2章 初めが肝心

◆ 本章のテーマ

英文では，最重要の内容が冒頭（主語と述語）に出現します。あとは，ひたすらそれのフォロー（追加説明）という構造をとります。英語を英語のまま聞いていく際にも，一つの文の初めのほうに意識を集中して聞いていくことにより，そのポイントを確実に押さえていくことができるようになります。本章では，このようなリスニングの技術の基礎を解説します。

◆ 本章の構成

2.1 重要なカタマリをつかむ
2.2 初めのほうに意識を集中する
2.3 全体的な流れに沿って

◆ 本章を学ぶと以下の内容をマスターできます

☞ 英語のままで聞く力
☞ 文章の流れに沿って聞く力

2.1 重要なカタマリをつかむ

1章で見てきたとおり,和文と英文では,一つのカタマリとその追加説明のカタマリの順が逆になることが多くなります。そこで,1章では文をいくつかに分けてよいことにして,英文のカタマリの順に,頭からすらすら訳していく技術を学びました。

2章では,これをさらに発展させ,一つの英文で最も重要なカタマリをつかむ技術を学びます。この学習により,英語を耳で聞く際にも,内容のポイントをつかみつつ,流れに沿って英語を理解することができるようになっていきます。

〔例文 2.1〕

Sustainability is an all-encompassing concept that increasingly influences industrial and social actions and is a controlling element in many major engineering projects. Stephen Toope, President of the University of British Columbia, in a recent article gave a lucid and illuminating description of the concept. "Sustainability has become one of our society's most compelling - if somewhat imprecise - ideas. From climate change and resource management to social equality and cultural diversity, this concept drives us to examine how we can live in harmony with the world around us, and insists that we make choices that will have a positive impact on generations to come. As individuals, each of us has an opportunity and a responsibility to apply the filter of sustainability to our activities."

—— W.D. Liam Finn：Mitigating seismic threats to sustainability(2011)より

例文2.1のうち,下線(一重線)の文を和訳してみましょう(図2.1)。

Technical terms：sustainability「持続可能性」

2.1 重要なカタマリをつかむ

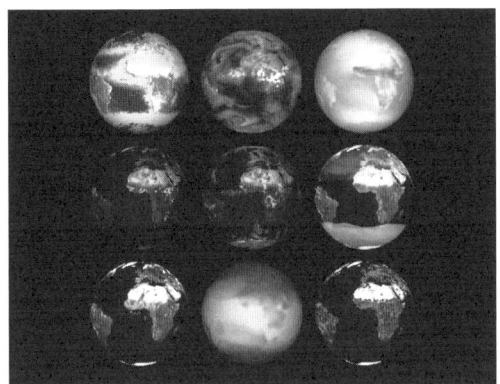

図 2.1 地球の環境状態（Globe Dataset）左から右，上から下の順で Biosphere, water vapor, temperature, fires, clouds, methane, aerosols, radiant energy, vegetation index anomalies（NASA/Goddard Space Flight Center, The SeaWiFS Project and ORBIMAGE, Scientific Visualization Studio より）

【頭からすらすら訳】

① 持続可能性は，② あらゆるものを包含する概念だ。

②' その概念は，③ 産業活動や社会活動にますます強い影響を与えており，④ 一つの決定要素となっている，多くの主要な工学プロジェクトで。

【英文での対応箇所】

① Sustainability is ② an all-encompassing concept ③ that increasingly influences industrial and social actions and ④ is a controlling element in many major engineering projects.

下線（一重線）の文は，①② で一カタマリ，これを追加説明する ③④ でもう一カタマリで，全体で二カタマリの構成となります。このうち，最も重要なカタマリは ①② の一カタマリです。

この文の構造を番号と矢印で表せば，つぎのようになります。

【頭からすらすら訳】
　①②（最重要）
　　←②'③④（追加説明）

【英文】
　①②（最重要）←③④（追加説明）

今度は，上の文をふつうの和訳に直してみましょう。

【ふつうの和訳】
　① 持続可能性は，③ 産業活動や社会活動にますます強い影響を与えており，④ 多くの主要な工学プロジェクトで，一つの決定要素となっている，② あらゆるものを包含する概念だ。

ふつうの和訳の文の構造を番号と矢印で表せば，以下のようになります。
　　① （最重要前半），③④（追加説明）→ ② （最重要後半）

　上に示すとおり，ふつうの和訳による和文では，最も重要なポイントの①②が，文頭と文末に分かれてしまいます。そして，重要なポイントの一つとなる②が文末にくるのが和文の特徴です。

　和文では，「である」，「ではない」などの表現で，文の最後でそれまでのすべての内容の肯定・否定が示されることがあります。和文の文末はうっかり聞き逃せないほど重要です。日本人の話を聞いているときには，文の出だしを聞き流しても，文末で重要な言葉をキャッチすると，それまで聞き流していた情報も含め，すべてを集約して一つの文として理解できます。

　日本語では，文の出だし付近はあまり意味がない枕詞だったり，最後に言いたいことへの単なる導入だったりすることも多いといえます。文末のポイントさえ押さえておけば，全体的な流れや内容のポイントも確実に押さえることができる場合が多いといえます。

　英文では，最も重要なポイントが，①②のように，文頭（ないし，その付近）に出てくることが多いといえます。よって，英文を聞く際には，前述のよ

2.2 初めのほうに意識を集中する

うな日本語を聞くスタンスを切り替え，文の初めのほうに意識を集中させて，重要なポイントとなるカタマリをしっかりキャッチするようにしましょう（図2.2）。

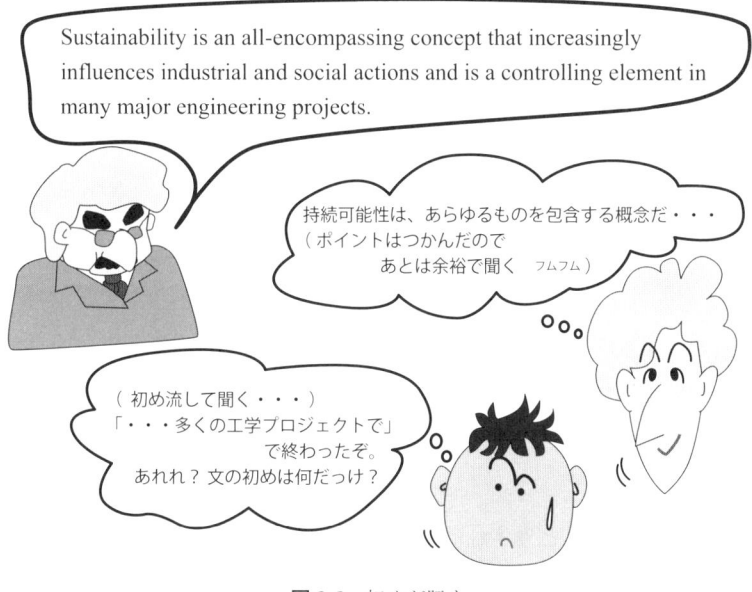

図 2.2　初めが肝心

2.2　初めのほうに意識を集中する

　前節で示した二つのポイントを頭に入れて，2.1 節の例文 2.1 のうち，二重下線の文を和訳してみましょう。

【英文での対応箇所】

① From climate change and resource management to social equality and cultural diversity, ② this concept drives ③ us to examine ④ how we can live in harmony with the world around us, ⑤ and insists that we make choices ⑥ that will have a positive impact on generations to come.

2. 初めが肝心

下線（二重線）の文でのカタマリは，つぎのように作ります。
(1) 初めのカタマリは，② の drives でアタリをつけて（①）②③ で一カタマリとします。
(2) つぎのカタマリは ④ で can live でアタリをつけて一カタマリです。
(3) ⑤ では and が出てくるので，② から続けなおして，（②'）⑤ で一カタマリです。
(4) さらに，⑥ で一カタマリとなります。

なお，⑤ を分割して二カタマリにするのが基本ですが，ざくっと一カタマリで読めてしまうようになってきたら，この例のように ⑤ で一カタマリにしてしまいましょう。

【頭からすらすら訳】

① 気候変動と資源管理から社会的平等と文化の多様性に至るまで，② この（持続可能性という）概念に基づいて ③ 私たちはつぎのことを見直そうとしている。
　③' すなわち，④ どうすればわれわれは調和的にまわりの世界とともに生きていけるかを。
　　②' そして，この概念は ⑤ われわれがつぎのことを選択するように促している。⑤' すなわち，⑥ つぎの世代によい影響がもたらされるであろうという選択肢を。

下線（二重線）の文では，最重要のカタマリは ②③ と ②⑤ の二つとなり，二つのカタマリが ⑤ の and で結ばれています。なお，②③ の追加説明の一つの ① が，この文では ②③ よりも前に来ています。このようなカタマリの順序は，和文と同じなので，冒頭の追加説明の ① が長いにもかかわらず，読みやすいと感じるでしょう。

この文の構造を番号で表せば，つぎのようになります。

2.2 初めのほうに意識を集中する

【頭からすらすら訳】

①（追加説明）
　　→②③（最重要その1）
　　　　←③'④（追加説明）
　　→②'⑤（最重要その2）
　　　　←⑤'⑥（追加説明）

【英文】

①（追加説明）→②③（最重要その1）←④（追加説明），（②'）⑤（最重要その2）←⑥（追加説明）

下線（二重線）の文を，ふつうの和訳に直せば，つぎのようになります。

【ふつうの和訳】

①気候変動や資源管理から社会的平等や文化の多様性に至るまで，②この（持続可能性という）概念に基づいて，④どうすればわれわれは調和的にまわりの世界と生きていけるかについて，③私たちは見直そうとしているし，(②'この概念は）⑥つぎの世代によい影響がもたらされるような選択肢を⑤われわれが選択するように促している。

このふつうの和訳の文の構造を番号で示せば，つぎのようになります。

【ふつうの和訳】

①（追加説明）→②（最重要その1前半），④（追加説明）→③（最重要その1），（②'）（最重要その1前半），⑥（追加説明）→⑤（最重要その2）

ふつうの和訳では，最重要のカタマリの一つの②③が，②と③で離れてしまいますが，この程度の離れ方であれば，まだなんとか乗り切れるかもしれません。しかし，もう一つの最重要のカタマリの②⑤は，②と⑤で相当に離れてしまうので，ちょっとてこずるのではないでしょうか。

これを乗り切るのに役立つのが、最重要のカタマリの②③をぼやっと読むのではなく、このカタマリに意識を集中させておくことです。特に、②③の追加説明の④を読んでいる間も、②③が最重要ポイントとしてしっかりと意識に残っていると、⑤のand insistsが現れたときにも、②と⑤で一つのカタマリにしやすくなります。

このように、英文では、文の初めのほうに出てくる最重要のカタマリに意識を集中するように、メリハリをつけて聞いていきます。このような聞き方を意識することにより、長い文を聞いても、その内容がすんなりと頭に入ってくるようになります。

2.3　全体的な流れに沿って

聞き取る力（読む力）がついてきて、その内容がすんなり頭に入ってくるようになると、一つの文とつぎの文のつながりが見えるようになってきます。これにより、全体的な流れに沿って聞いて（読んで）いけるので、聞き取り（読み取り）がさらに楽になっていきます（図2.3）。

つぎの会議中の発言（のテープ起こし）の文章を読んでみましょう。

図2.3　流れにのって

2.3 全体的な流れに沿って

〔例文 2.2〕

I might make a very quick comment here. I think I am the only centrifuge modeler, who has accompanied his experiments at the g's they were done at. In the course of the US Lunar and Mars Viking programs, a graduate student and I actually carried out some experiments on models at one sixth g, and at a half g, and at three eighth g in an airplane which was travelling on appropriate flight paths. To clarify, I was in an airplane running experiments at one sixth g while I was at one sixth g myself, except for one occasion when the pilot made a mistake and we ran the experiment at minus one sixth g with the text crew attached to the ceiling of the airplane.

――地盤工学会：Geotechnical Centrifuge Model Testing（1984）より

【頭からすらすら訳】

① ちょっとコメントさせてください。

② 私は唯一の遠心実験者だと思います。

　←②' その実験者というのは，③ 実験が実施された（g という重力加速度の単位で測る）遠心力場内に居て実験したという機会に恵まれた人のことです。

④ 米国の月探査および火星探査計画の一環として，

　→ ⑤ 大学院生と私は実際に模型実験を行いました。

　　← ⑤' その実験は，⑥ 1/6 g，1/2 g，3/8 g で，飛行機の中で行いました。

　　　← ⑥' その飛行機とは，⑦ 適切な飛行コースで飛んだ飛行機です。

⑧ もう少しきちんと言えば，

　→ ⑨ 私は飛行機の中にいて 1/6 g での実験をしました。

　　← ⑩ それは，私自身が 1/6 g の重力場にいる間にです。

　　　← ⑪ ただし，例外が一つあります。

←⑫ それは，パイロットがミスをして，⑬ 私たちがマイナス 1/6 g で実験を行ったときです．

←⑭ 実験実施者が，飛行機の天井に貼りついての実験です．

【英文での対応箇所】

① I might make a very quick comment here. ② I think I am the only centrifuge modeler, ③ who has accompanied his experiments at the g's they were done at. ④ In the course of the US Lunar and Mars Viking programs, ⑤ a graduate student and I actually carried out some experiments on models ⑥ at one sixth g, and at a half g, and at three eighth g in an airplane ⑦ which was travelling on appropriate flight paths. ⑧ To clarify, ⑨ I was in an airplane running experiments at one sixth g ⑩ while I was at one sixth g myself, ⑪ except for one occasion ⑫ when the pilot made a mistake and ⑬ we ran the experiment at minus one sixth g ⑭ with the text crew attached to the ceiling of the airplane.

文の構造は，つぎのとおりです．

【頭からすらすら訳】

① （最重要）
② （最重要）
　←②' ③ （追加説明）
④ （追加説明） → ⑤ （最重要）
　←⑤' ⑥ （追加説明）
　　←⑥' ⑦ （追加説明）
⑧ （追加説明） → ⑨ （最重要）
　←⑨' ⑩ （追加説明）
　　←⑪ （追加説明）
　　　←⑫⑬ （追加説明）
　　　　←⑭ （追加説明）

2.3 全体的な流れに沿って

【英文】

① (最重要)

② (最重要) ← ③ (追加説明)

④ (追加説明) → ⑤ (最重要) ← ⑥ (追加説明) ← ⑦ (追加説明)

⑧ (追加説明) → ⑨ (最重要) ← ⑩ (追加説明) ← ⑪ (追加説明) ← ⑫

⑬ (追加説明) ← ⑭ (追加説明)

一つひとつの文の初めのほうに出てくる重要なカタマリに，メリハリを付けながら聞く（読む）のに慣れてきたら，一つの文とつぎの文のつながり，さらには全体的な流れにも，意識を広げていきましょう。流れに乗って聞ける（読める）ようになってくると，英語で自然なコミュニケーションがとれるようになっていきます（4章参照）。

コラム

月面の地盤工学

本節の例文2.2は，地盤工学系の遠心力場での模型実験に関する会議の中でのR.F.Scott教授による口頭発言です。

文中のgは重力加速度の単位を用いて表した遠心力加速度のことを意味しています。1gが地上の重力加速度で，1/6gはその1/6の重力加速度を表します。月面などでは，地球の重力の1/6の重力しか作用しないので，月面探査に備えて，そのような小さな重力加速度の場で実験を行った際の話です。

遊園地のジェットコースターや座席ごと落下する類の乗り物が下に下がり始める際，一瞬体が浮いたような感触を覚えるでしょう。これは，体に作用している重力が一瞬小さくなるためです。これと同じような効果を急降下する飛行機の中で再現した実験です。

英文の⑪～⑭が話のオチです。マイナス1/6gの実験（⑪～⑬）とはなんだろうと一瞬考えさせるような導入からはじまります。つぎの⑭で，実験者が飛行機の天井に貼りつけられてしまうという笑いを誘う場面とともに，マイナスとは上と下が逆になってしまう状況であることを，一気に理解させる軽妙な語りです。

頭から出てくる順にすらすらと聞くことができるようになれば，このような軽妙なユーモアも，そのまま楽しめるようになってきます。　　(記：井合　進)

演習問題

〔**2.1**〕 自分の好きなジャンルの映画（英語での洋画で吹き替えなしのもの）を見て，その中で聞き取れた英文を五つ以上書いてみましょう。長い英文が聞き取れたら，それがベスト。長ければ長いほど，聞き取り力が高いことになります。

3章 英語でしゃべる

◆本章のテーマ

英語を英語のまま読んだり聞いたりできるようになったら，つぎは英語で話す力のレベルアップの段階となります。本章では英語の発音について，母音とアクセントを中心に復習していきます。本章に記載されたポイントをヒントに，練習を重ねていって，明瞭なきちんとした発音のイメージがつかめると，英語圏の人たちが話す英語も，さらに楽に聞き取れるようになっていきます。

◆本章の構成

3.1　ビートを利かせる
3.2　母音
3.3　子音
3.4　流れとリズム

◆本章を学ぶと以下の内容をマスターできます

☞　流れに乗った発音
☞　明瞭な発音

3.1　ビートを利かせる

　英語の環境にある程度慣れてきて，一通りはすらすらと英語で話せるようになっても，その先で上達の壁にあたることがあります．その際に痛感することが多いのは，相手が話していることがしっかり聞き取れないという事実です．

　前章までの学習で，全体の流れに沿ってメリハリをつけて英語を聞く力が伸びてきたところで，さらにもう一段，聞く力を伸ばしていきましょう．聞く力が伸びるにつれて，聞くのに余裕が出てくるので，相手がしゃべっている間に，それに対して自分が話す中身を同時に考えることができるようになります．その結果，話す力も伸びてくるのです．

　じつは，聞く力をさらに伸ばす際にポイントとなるのが，よい発音のイメージをしっかり身に付けることです．聞くのは耳，話すのは口なので，聞くと話すとでは別々の力のように思えます．しかし，実際には自分の持っている発音のイメージが基礎となって，相手の発音をそれにあてはめて聞いているので，聞く力と話す力とが密接に関係しています．

　自分の持っている発音のイメージが英語の発音と異なると，結局は聞き取れません．これまで，発音については長時間練習してきたと思いますが，意外な点で，英語とはかなり異なる発音が正しいと思い込んでいることが多いので，順におさらいしていきます．

　本節では，母音，子音の発音以前のテクニックとして，アクセントを中心とする発声の強弱について，おさらいしましょう．ポイントは以下の三つです．

【ポイントその1】

　まず，日本語でしゃべるときよりもよく通る，大きな声が出せるように意識しましょう．日頃から日本語を大声で話す人は，この練習はパスして問題ありません．声を絞り出すようにして大声を出すのではなく，大きな教室のすみずみまで声が届くように意識して発声するとよいでしょう．声が一段大きくなるだけで，発音が，英語圏の人にも，格段に通じるようになります．

【ポイントその2】

つぎはアクセントのおさらいです。アクセントのつけ方には，声の強弱による方法と声の高低による方法の二通りの方法があります。声の高低よりも，声の強弱（特に強いところをより強く，はっきりとするように）に意識を持っていくようにして，ビートを利かせたノリのよいアクセントをつけるように練習していくのがポイントです。

試みに，声の高低をまったく変えずに，強いところをより強くはっきりと大げさに発音する練習をしてみるとよいでしょう（図3.1）。自分でもノリのよいリズムになるのがよくわかると思います。自分の発音を録音して聞き比べたりすると，その違いがより実感できるかと思います。

図3.1 ビートを強く

【ポイントその3】

今度は，少し長めの台詞や文を発音していきます。一カタマリをざくっと一つかみするように，その一カタマリを1ワードにまとめて発音するような気持ちで，アクセントをつけていくようにしましょう。リズムや調子がさらに上がってきていませんか。

アクセントの強さが足りなくても、弱いところをより柔らかくすれば、相対的な強弱が実現できるので、理屈としてはアクセントがつけられることとなります。例えば、文章では I am going to を口語調の英語で I'm gonna のように発音したりします（カタカナで書けばアイムゴナとか、さらに極端にアムゴナ）。

これを日本人が真似して使うと、日本人の耳にはとても流暢な英語らしい発音に聞こえます（ただ、あまりに流暢な英語らしいので、なにを言っているのかはよくわからない感じです）。じつは、このような発音は、英語圏の人の耳では発音がもごもご不明瞭で、聞き取りにくい感じがします。要するに、発音が悪くなることが多いのです。

このような発音の問題は、結局は声の高低ではなく強弱でつけるアクセントの練習で解決します。I am going to の例では、I am の I にビートをつけてはっきり発音し、ビートが柔らかくなる am going to は、am going to をまとめて一つ（一つの単語のように）で普通（発音記号どおり）に発音するように練習します。結果として、リズム感のある流暢でクリアな発音ができるようになります。

3.2　母　　音

アクセントやリズムになれてきたところで、さらに母音のおさらいをしましょう。一見簡単そうな母音ですが、ローマ字読みやカタカナ英語の影響もあり、誤りが多いのも事実です。一度原点に立ち返っておさらいしておくと、英語の聞き取りのレベルも格段に上がります。しっかり原点に立ち返って確認しておきたいのが、つぎの母音です。

【日本語のア段になりがちな母音】
　① bad, ② calm, ③ cut, ④ girl, ⑤ color, ⑥ bite
【カタカナ英語】
　① バッド, ② カーム, ③ カット, ④ ガール, ⑤ カラー, ⑥ バイト

3.2 母音

　これらの母音の発音は，カタカナ英語にすると，いずれもア段になります。このうち，日本語のアとは明らかに異なる母音は，① bad や ④ girl です。英語の授業でもしっかりと教えてくれるので，問題ないかと思います。逆に，日本語のア段に最も近いのが，⑥ bite の二重母音の初めの母音です。

　要注意でしっかり確認しておきたいのが，② calm，③ cut，⑤ color の母音です。日本語のアと同じように発音したくなりますが，つぎのようになります。

　②は日本語のアよりさらにはっきり大きく口をあけます。

　③はウに近いアです。

　⑤のラーの母音は nation のショの母音となんとまったく同じ（！）で，中間的な母音になります。

　ちなみに，⑤ color のカは ③ cut と同じで，ウに近いアです。

【日本語のオ段に近くなりがちな母音】

　① watch，② ball，③ note，④ boy

【カタカナ英語】

　① ウォッチ，② ボール，③ ノート，④ ボーイ

　続いてこれらの母音の発音は，カタカナ英語にすると，いずれもオ段になります。このうち，日本語のオ段に最も近いのが，④ boy の二重母音の初めの母音です。

　要注意でしっかり確認しておきたいのは，① watch，③ note です。日本語のオと同じように発音したくなりますが，発音は以下のとおりです。

　①は日本語のオよりさらにはっきり大きく口をあけアに近い発音です。

　③ note の二重母音の初めの母音は，ア段に間違えやすい color のラーの母音と同じで中間的な母音となります。

　英語圏の人の話し言葉が，早すぎて聞き取れないときに，Could you speak more slowly and clearly ? と頼んで，明瞭な発音でしゃべってもらっても，ちっとも明瞭にならず，聞き取れないと感じることがあるかもしれません。その原

因は,「明瞭な英語」=「日本語の母音のアイウエオにきちっとあわせて発音する」と,日本人が思い込んでいることにある可能性が大きいです。

英語圏の人の「明瞭な発音」は,上に解説したとおり,日本語のアイウエオとは全然違うアイウエオに相当することが多いのです。聞き取れないことが多いのは,耳が悪いのではなく,母音の発音が悪い(ないしは,正しい発音をきちんと勉強していない)のです。この場合には,母音の発音をきちんと見直して練習し直すことにより,聞き取り力が大幅に改善する可能性があります。

コラム

coffee

母音や子音が弱い発音になってしまっているかどうかのチェックの一つに,飛行機内で英語圏のフライトアテンダント(客室乗務員)に,コーヒーを頼んでみるという方法があります。coffee だからといって,エフの発音をきれいにしてコーフィーと発音しても,ほぼ80％くらいの確率で coke(コーラ)が出てくるとのことです(**図 3.2**)。

日本人には信じられない誤りですが,誤りを犯しているのはあいにく日本人のほうで,coffee のコの発音が弱すぎて,coke のコウに聞こえるのが原因です。イメージとしては,カフィと元気よく発音する感じで,やっと普通の英語の発音になります。機会があったらカフィで試してみると,ちゃんとコーヒー

A coffee please.
c・o・f・f・e・e
(コーヒー注文したんですけどぉ)

図 3.2　A coffee...

が出てくるようになります。

　うまくいったら，おいしいコーヒーを飲みつつ，いつまでもカフィではなく，ちゃんとしたcoの発音ができるように原点に戻って練習してみましょう。国際人として使える英語の発音を自分のものにしておきたいですね。

（記：井合　進）

3.3　子　　　音

　子音では，日本語にないthの発音は，英語の授業でもしっかりと教えてくれるので，心配ないと思われます。lとrは日本語ではいずれもラ行になりますが，こちらも英語の授業でしっかりと教えてくれると思われます。

　一見簡単そうな子音ですが，一度原点に立ち返っておさらいしておくと，格段に英語が通じやすくなるのが以下の子音です。

【おさらいしておきたい子音】
　① sun，② led，③ use

【カタカナ英語】
　①サン，②レッド，③ユーズ

　以下に，これらの子音の発音のポイントを述べます。

　①のnはカタカナ英語のンで発音すると弱すぎます。カタカナで書くならサヌのヌの母音のウを取り去る感じで，はっきりと発音します。

　②のレはledだから，巻き舌のredより発音は簡単ですが，じつは油断していると l が弱すぎることが多いです。自分が思っているよりは誇張するように，はっきりと l を発音すると，きれいな英語らしい l になってきます。littleの発音など，l を明瞭に発音できるように練習しておくと，とてもきれいな音がするようになってきます。

　③のユはヤ行でやはり簡単ですが，この子音も油断していると弱すぎます。これも自分が思っているよりきつめの，はっきりした発音にしておきたいもの

です。また，onion をカタカナにするとオニオンですが，io の i は母音ではなく子音の発音で，③ の use と同じ子音の発音です。

　この調子で，母音や子音の発音の要注意点を中心に，原点に立ち返っておさらいしておくと，明瞭できれいな発音ができるようになります。さらに，このような発音のイメージがしっかり体になじんでくると，英語圏の人たちが話す英語が楽に聞き取れるようになり，いつの間にか聞き取る力が格段に向上しています。

　日本人の耳にはそのように聞こえるからという理由で，アクセントが弱い箇所の子音の t を崩していって，ラ行のカタカナ発音や発音の省略など（の練習）をする人（ないしは，そのように教えられる人）がいるようです。このような発音は，日本人の耳には流暢な英語に聞こえますが，英語圏の人から見ると，結果として発音が不明瞭になるので注意しましょう。

　例えば，日本語をある程度学んだ英語圏の人が，ステージの上でマイクで開会の挨拶をする場などで，「間違いない」ときちんと発音できず「マチゲーネー」と発音して，さらに具合が悪いことに，自分では流暢な日本語を発音していると思い込んでいるような場違い感とでもいったら，少しは状況が理解できるでしょうか。

3.4　流れとリズム

〔例文 3.1〕

How did you sign the letter ? Did you write, "Sincerely yours ? "

　例文 3.1 を，アクセント，母音，子音の発音に注意しながら，台詞として口に出してみましょう。まず，大きめの声を出すこと。強いアクセントは声の高低（イントネーション）よりも強弱，特にアクセントをつけるところのビートを強くするように意識してください。初めは自分では不自然だと思う程度に誇張して，アクセント箇所に強いビートを加えて発音していきます。

3.4 流れとリズム

　アクセントがない残りの句は、ざくっと大きなカタマリ（1章参照）でつかんだ複数の単語からなる句を、カタマリ（句）全体で一つの単語のような感覚で、発音するのがポイントです。その際に、アクセントをつけた箇所を中心に、残りの句をまとめて発音していきます。

　例文3.1では、つぎの下線をつけた箇所がアクセント箇所となります。

　　　　How did you sign the letter ? Did you write, "Sincerely yours ? "

　慣れないと、もっと多数の箇所にアクセントをつけたくなるかもしれません。例えば、以下のような具合です。

　　　　How did you sign the letter ? Did you write, "Sincerely yours ? "

　このように多数の箇所にアクセントをつけてしまうと、1章で学んだ大きめのカタマリがどこかに消えてしまい、結果として、自分で発音している英文の意味が、発音している本人ですら、すっと理解できなくなる可能性があります。また、しゃべっている本人の感覚でも、一個一個の単語をひたすら追いかけ、あたふたするだけで、これで早口にしても、自然で流暢な英語にはなりません。

　一つの方法として試してみたいものに、一つひとつの単語を覚えたその先の練習として、一つひとつの言い回し（大き目のカタマリ）まで、台詞まるごとで一個の感覚で覚えてしまう方法があります。もちろん、無限の可能性があるので、覚える対象はきりがないほど増えてしまいますが、このように台詞を丸ごと覚えてしまうと、いままでよりもはるかに自然な流れでやりとりができるようになっていきます。

　なお、アクセントの位置は文脈（4〜6章参照）によって変化します。例文に示された箇所に必ずアクセントがくるとは限りません。その文脈で、最も強調したい内容がなんなのかについてを意識の片隅においておけば、自然な箇所にアクセントがつけられるようになります。

　つぎに、いくつか例文を示しておきます。ビートを強くすること、および、ざくっと大きなカタマリでまるごと発音することの二点に注意して、練習してみてください。

〔例文 3.2〕

How long has it been sine you've heard from your mother?

Would you mind calling back sometime tomorrow?

I'd like to make an appointment to see Prof. Scott.

After the play was over, we all wanted to get something to eat.

What would you like to eat?

He knows it's inconvenient, but he wants to go anyway.

演 習 問 題

〔3.1〕 英語の教科書や辞書で調べて，母音の種類をすべてマスターしましょう。さらに，TOEFL や TOEIC など，同じ発音の単語を回答させる問題があるので，それを 10 個以上回答して練習しましょう。近くにいる英語圏の人にお願いして，発音を聞いてもらい，発音についてのアドバイスをもらいましょう。

4章 英語の遊び心

◆ 本章のテーマ

本章では，少し肩の力を抜いて，英語の遊び心の世界を覗いてみましょう。本章により，英語による洒落た言い回しの一端を，全体の流れに乗って（文脈を読み切って）つかむ方法を学習します。この学習を通じて，英語が身近に感じられるようになってくれば，英語でのコミュニケーションに少しずつ幅や広がりが出てきたことになります。

◆ 本章の構成

4.1 ぶぶ漬けの文化
4.2 敬意を込めて
4.3 悪くないね
4.4 考えときます
4.5 そういえば
4.6 残念です

◆ 本章を学ぶと以下の内容をマスターできます

☞ 洒落た言い回しの心
☞ 文脈を読み切ることの大切さ
☞ コミュニケーションの幅

4. 英語の遊び心

4.1　ぶぶ漬けの文化

　京都では，お客さんとしてお邪魔して，お昼どきが近づいた頃に「ぶぶ漬けでもいかがですか？」と言われたら，丁寧に辞退して，早々に退散しなければならないとされています。「ぶぶ漬け」は，「お茶漬け」のこと。「いかがですか？」を真に受けて，遠慮しつつも「ありがとう。では，いただきます。」のように返事をすると，「無粋な人」と苦笑を買ってしまうという話です。

　「そろそろお昼どきですが，お昼の準備はしていないので，お帰りいただけませんか？」のような直接的な表現だと，誤解はありません。しかし，暗に長居したお客さんを責める感じも残ってしまいます。「ぶぶ漬け」は，このような具合の悪さをうまくカバーして，さりげなくもっていこうとする言葉使いです。そこには，ちょっとした遊び心も感じられます。

　このような遠回しの洒落た表現（ある種の婉曲表現）は，古い歴史の香りが残る文化が自然に流れている社会では，洋の東西を問わず，日常的に使われます。以下の例を見てみましょう。

〔例文 4.1〕

What the British say："I hear what you say."
What the British mean："I disagree and do not want to discuss it any further."
What you might think："He accepts my point of view."

【和訳】

　英国人の発言：「わかった，わかった。」
　英国人の本音：（そりゃ違うね。もう，うんざりだよ。）
　言葉を真に受けると：（彼は，私の意見を受け入れてくれている。）

　例文 4.1 では，古い英語圏の歴史の香りが残る文化が自然に流れている社会を代表しているのが，the British という設定になっています。日本語の「ぶぶ

漬け」の例でいえば、京都＝the British の設定となります。なお、この設定を真に受けると、「著者らは、鼻持ちならぬ京都びいき（英国かぶれ）だ」などと、無粋な誤解に陥る恐れもあります。

この和訳では、同じ日本語（英国人の発言）でも、context（場面や流れ）によって、英国人の本音のような意味で使うこともあるということが、そのまま日本語の流れとしてわかるように意訳しました。英語は日本語とはまったく異なる言葉です。それにもかかわらず、ちょっと洒落た言い回しの点なども含めて、英語の心には驚くほど日本語の心と共通するところが多いのです。

4.2　敬意を込めて

〔例文 4.2〕

What the British say：\"With respect ～\"
What the British mean：\"I disagree with you ～\"
What you might think：\"He respects me！\"

【和訳】

英国人の発言：「敬意を込めて～」
英国人の本音：（あなたの意見には賛成できない～）
言葉を真に受けると：（彼は私を尊敬している。）

例文 4.2 は枕詞で、なにかを言いはじめる前に使います。褒める言葉ではじめておいて、その後にくる内容が、相手の考えていることとは異なるけれども、感情的になって反論しているのではないという趣旨で中性化します。この表現は一般的に使われます。この枕詞なしで、いきなり"I disagree with you ～"とはじめると、挑戦的かつ感情的なニュアンスが出てきてしまいます。

例文 4.2 では、話し手は相手の言うことを your（sadly wrong point）of view の感覚で把握しているのです。しかし、もし相手が自分の主張を言い張り続け

る（the loud-mouth persists with their hopeless argument）場合には，枕詞を一段格上げして，つぎのとおりとします．

〔例文 4.3〕

What the British say（usually with a smile）："With the greatest respect ～"
What the British mean："You're completely wrong and if you would like me to tell everyone why, I would be delighted to do so ～"
What you might think："He has great respect for my point of view."

【和訳】

　英国人の発言（普通は微笑みながら）：「最上級の敬意を表しつつ申し上げれば～」
　英国人の本音：「はっきり言って大間違い，なぜそうなるのか言いたかったら，聞く用意はあるけど～」
　言葉を真に受けると：「彼は，私の意見を尊重して聞いてくれている．」

　普通の会話でも，Frankly speaking ～という枕詞に続くのは，相当にキツイお叱り，ないし批判の内容となるのが常です．話をしている英語圏の人の口からこの枕詞が出てきたら，その人はカンカンに怒っている状況であって，「フランクに腹を割って本音で話そう」というのんびりした友好的な状況では，もはやないと察知するのが得策です．素早く身構えるなりなんなりと，目前に迫る厳しい戦いに備えないと，手遅れになるかもしれません．

4.3　悪くないね

〔例文 4.4〕

What the British say："That's not bad."
What the British mean："That's good or very good."

4.3 悪くないね

What you might think：" That's poor or mediocre."

【和訳】

英国人の発言：「悪くないね。」

英国人の本音：(いいね／すごくいいね。)

言葉を真に受けると：(悪くはないけどダメだね／いまひとつだね。)

例文4.4も，文脈（context（場面や流れ））によります。普段から部下の仕事レベルにきびしい上司から「悪くないね」と言われたら，日本語でも「いいね」に近い，肯定的なニュアンスで受け取ることが多いでしょう。

〔例文4.5〕

What the British say：" Quite good."

What the British mean：" A bit disappointing."

What you might think：" Quite good."

【和訳】

英国人の発言：「いいね。」

英国人の本音：(いまひとつだね。)

言葉を真に受けると：(素晴らしい。)

日本のとあるデパートで洋服選びをしている年配の男性客。そこへ魅力的なルックスの若い女性店員さんが近づき，お客さんが何気なく手にとった服を「お似合いです」などと言ってお薦めします。このお客さん，じつはその服はいまひとつだと思っているので，「いいね」と言いつつ，ほかの服を探し続けます。このような流れでも「いいね」が使われると思いますが，ちょっと違うようでもあります。

ちなみに，ヨーロッパのファッション系のお店では，お店にもよりますが，洋服などの商品の選び方が日本とまるで違うことも多いようです。一見さんお

断りということはありませんが，お客さんはお店に入ると「こんにちは」と対応してくれる店員さんに挨拶して，店員さんと一緒に商品をいろいろと論評しながら見て回ります．陳列してある商品を，店員さんそっちのけで，かたっぱしから手にとるようなことはしません．

　店員さんといっても，ある意味その道のプロのようなプライドがあり，かつスキルもある人が多いので，お客さんのほうもプロから学ぶ感じで接するようです．最終的には，お客さんが持っているイメージをなるべく具体的に伝えるようにすると，店員さんはお店の奥から，これという品を数種類出してきてくれるので，ここからいよいよ品定めに入るようです．

〔例文 4.6〕

What the British say：*"What you have just said…isn't quite right."*
What the British mean：*"I'm sorry, but that's wrong."*
What you might think：*"He thinks I am almost right."*

【和訳】

　英国人の発言：「あなたのいまの発言は……，全面的に正しいとは言えないでしょう。」
　英国人の本音：（申し訳ないが，間違っているね。）
　言葉を真に受けると：（彼は私がおおむね正しいと思っている。）

　quite のニュアンスには，種々のものがあります．英英辞典などで用例を比較しつつ，学習するとよいでしょう．

〔例文 4.7〕

What the British say：*"I almost agree."*
What the British mean：*"I don't agree at all."*
What you might think：*"He's not far from agreement."*

【和訳】

英国人の発言:「ほぼ賛成といっていいでしょう。」

英国人の本音:(まったく賛成できない。)

言葉を真に受けると:(彼は全面的な賛成に遠くない。ほぼ賛成。)

外交交渉などのフォーマルな場面が思い浮かびます。英国人の発言では「ほぼ」と述べているだけで,「全面的な賛成ではない」から転じて,「賛成しない」の意となります。実際には"I almost agree."に続けて,どの部分に賛成できないのかの具体的な説明が来るはずです。結果として"I don't agree at all."と言いきった際の説明と同じ内容となることも多いと思われます。

4.4 考えときます

はんなりとした京言葉で「考えときます」と言われたら,それは「きっぱりお断り」の意味ですが,これを真に受けて「考えておいてくれるんだ」と理解すると,妙なことになります(図4.1)。「考えておくだけで実行すると約束したわけではない」というあたりから転じて,「お断り」の意味で使われるようになったものかと思われます。お断りする相手に対するさりげない気遣いも感じられます。

図4.1 考えときます

〔例文 4.8〕

What the British say : "I'll bear it in mind."

What the British mean : "I will do nothing about it."

What you might think : "They will probably do it."

【和訳】

　英国人の発言：「考えておきましょう。」

　英国人の本音：(お断りします。)

　言葉を真に受けると：(彼らはこの案を採用するだろう。)

　1970 年頃だったか，お役人や政治家が「前向きに検討します」を連発したことがありました。「検討することを約束したのであって，検討するときのスタンスは前向きであっても，その案を実行するか否かについては約束していない」という意味だそうです。実際には，ほぼ 100 ％が例文 4.8 の英国人の本音の意味で使われていました。いまでは死語かもしれませんが……。

〔例文 4.9〕

What the British say : "Perhaps you would like to think about ～/I would suggest ～"

What the British mean : "This is an order. Do it or be prepared to justify yourself."

What you might think : "Think about the idea, but do what you like."

【和訳】

　英国人の発言：「～についてちょっと考えといて/ちょっとしたアドバイスだけど，～」

　英国人の本音：(これは命令だ。命令どおり動くか，さもなければ命令に従わない理由をきちんと言えるようにしておくこと。)

言葉を真に受けると：(このアイデアについても検討しといてね。ただ、実際に実施する内容は任せるよ。)

例文4.9は，会社の上司から部下に向かって，ないし自分より目上の人から目下の人に向かっての場面が相応しいでしょう。日本のサラリーマン社会の経験がある人には，説明するまでもないでしょう。日本語の世界でも，世慣れていない社会人1年生の頃だと，上司からの言葉を上の例のように真に受けてしまい，大失敗することがあります。

もちろん，上司によっては言葉どおりの意味で発言することもあります。日本語の世界でも，文脈を読む力は必要です。

4.5 そういえば

〔例文4.10〕
What the British say："Oh, by the way ～ / Incidentally ～"
What the British mean："The primary purpose of our discussion is ～"
What you might think："This is not very important."

【和訳】
英国人の発言：「そういえば～／ちなみに～」
英国人の本音：(さて，本題に入れば～)
言葉を真に受けると：(これはさして大事な話ではない。)

特捜警察ものの日本のドラマでも，警官が型通り職務質問をして，型通りの答えしか返ってこずに，すごすごと引き返しはじめた足を出口でちょっと止め，あたかもふと思い出したかのように，「そういえば～」などと，さりげなく一番聞いておきたい質問をする場面が出てきたりします。相手を油断させる常套テクニックは，洋の東西を問わないといえましょう（**図 4.2**）。

figure 4.2 そういえば

〔例文 4.11〕

What the British say : "That's an original point of view！"
What the British mean : "You must be crazy！"
What you might think : "They like my ideas！"

【和訳】

英国人の発言：「あれは独創的な考えですね。」
英国人の本音：(ちょっとどうかしているんじゃないの。)
言葉を真に受けると：(彼らは私の考えが気に入っている。)

例文 4.11 は皮肉といってもよい表現で，やはり言い方やそれまでの流れによるでしょう。日本語でも「バカと天才は紙一重」のあたりを踏まえて，「天才的」などと言えば，当の本人はともかく，周りにいる人には，それなりに意味が伝わるでしょう。This を使わず，That を使っているのも，自分からの距離感を暗に表しているとも読めます。

4.5 そういえば

〔例文 4.12〕

What the British say : "You must come for dinner sometime."
What the British mean : "We are getting on well, so let's keep in touch and see if our relationship develops further."
What you might think : "I will get an invitation soon."

【和訳】

英国人の発言：「いつかディナーに来ないとね。」
英国人の本音：(わりと波長が合うみたいだね。この先も、やりとりしていきたいね。)
言葉を真に受けると：(そのうち招待状が来るはず。)

例文 4.12 も、それまでの流れによるところが多いといえます。初対面でしばし会話が続いた後、これ以上は新しい材料も出てきそうにないので、そろそろ話を切り上げたくなるとします。そこで、直接的に「では、そろそろ時間ですので失礼します。」でもよいですが、無粋な感じが残ります。

「いつかディナーに〜」で、それまでの会話の流れの雰囲気を壊さずに、かつ友好的な雰囲気の余韻を残しつつバイバイする感じでしょう。言葉を真に受けて、いつまで経っても招待状が届かない、薄情な人などと誤解しないように。

英語での電話でしばらく話が続いた後、さて、どんな風に会話を切り上げようかという局面でも、ある種の流れがあるようで、それをうまく察知できるようになると、こちらからのグッドバイもスムーズに出てくるようになります。もちろん、日本語であればなにも考えずに、条件反射で電話での会話は自然に終わるので、苦労はないのですが……。

4.6　残 念 で す

〔例文 4.13〕

What the British say：" I was a bit disappointed that ～ / It's a pity that ～"
What the British mean：" I am most upset and cross that ～"
What you might think：" It doesn't really matter that ～"

【和訳】

　英国人の発言：「～で残念です。/ 残念なことに，～」
　英国人の本音：（怒り心頭（ぶちぎれ））
　言葉を真に受けると：（細かい（些細な）ことですが，～）

　社会的な地位や力が相当に上の人からの発言でしょう。若い社員が大失敗をやらかし，あまりの大失敗なので，怒り心頭の社長が部下を呼びつけ，クビを言いわたす場面が思い浮かびます。また，もしも某国の女王陛下から例文 4.13 のお言葉をいただいたとしたら，かりに静かな調子でお言葉が発せられたとしても，ほぼ 100％の確率で本音の意味（怒り心頭）で用いられていると理解すべきでしょう（図 4.3）。

図 4.3　残念です

4.6 残念です

　1970年頃,「英語はイエスとノーがはっきりしていてよい」,「英語は論理的で, あいまいさが一切ない」,「英語はなんでもストレート（直接的）に表現するのが特徴だ」などと, 留学帰りの先輩たちから聞かされたりしたことがあります。しかも, このような話を真に受けてしばらくは,「英語ではなんでも直接表現でストレートにはっきり表現するのだ」などと, 心から思い込んでおりました。

　しかし, 本章で示した例を見れば, 英語が日本語と同じように微妙なことも含め, 洒落た台詞で表現できる言葉なのだということが理解できるでしょう。このような英語の遊び心を, 全体的な流れ（文脈）としてものにしていくと, 英語でのコミュニケーションも自然なものになっていきます。これが国際人の英語です。

コラム

京都にて

「ところで, 南禅寺の北隣に永観堂というお寺があります。私が行っていた幼稚園がそこにあるのですが, 境内の紅葉がよろしいですよ。お寺のうしろの山に多宝塔という小さな塔があり, そこから西に広がる京都の町が見下ろせます。紅葉の境内のはるか向こうに, 家々の黒いかわら屋根が連なって, 遠くまでずーうっと広がっている風景です。夕方がきれいです。その黒い屋根の下ひとつひとつに, 何十年も姑にお仕えしてやっと主婦の座を確保したおばさんがいます。その家に嫁いで来たお嫁さんが, おばさんになってその家に住んでいるわけです。そういったおばさんたちのさまざまな生涯史を思い浮かべると, 私はなんとなく感動します。そういった家々に嫁いでいった私の伯母たち（十人おります）の生涯と, 重なって見えてしまうからです。房の家の屋根の下にも, そんなおばさんが一人おられます。」

　京都ゆかりの方からいただいた一文です。永観堂から見渡せる西に広がる京都の町は, お茶屋さんなども並ぶ祇園あたりまで, つながっていきます。そこに, 古い歴史の香りが残る文化がさりげなく流れています。

（記：井合　進）

演習問題

〔**4.1**〕 自分の好きなジャンルの映画（英語で吹き替えなしのもの）を見て，その中で，英語の遊び心が感じられるような洒落た一言を，その前後の流れとともに書きとめてみましょう。

5章 英語の周辺

◆ 本章のテーマ

本章では，this や that のように，簡単な単語なのに，英語で文章を書く際に使おうとすると，じつは意外と難しい（本当は怖い）単語や，英語による丁寧表現（婉曲表現），さらに，知っていると役立つような英語の周辺知識について解説します。本章の学習を通じて，英語のスキルの幅が広がっていき，国際人としてのコミュニケーションもより自然なものになっていきます。

◆ 本章の構成

5.1 this と that
5.2 we と you
5.3 英語で敬語
5.4 裏返しの丁寧表現
5.5 アー，ウー
5.6 あいづち
5.7 four letter words
5.8 感謝
5.9 謝罪

◆ 本章を学ぶと以下の内容をマスターできます

☞ 英語での丁寧表現などの周辺知識
☞ 英語のスキルの幅

5.1　this と that

　This is a pen. That is a book. でおなじみの this や that は，単語の意味は「これ」，「あれ」で明確です。しかし，いざ英語を書く段になると，this や that が指している単語が離れすぎてしまい，どの内容を指しているのかがわからない文章となることがあります。この問題の解決法として，this や that の代わりに，this や that で指したいと思っている単語を繰り返して使うという方法があります。

　また，日本語の感覚だと，その前にでてきた文を丸ごと示すために，前の文に続けて，「これは，〜」と続けることも多いです。この日本語の感覚で，前の文に続けて，This 〜ではじめると，なにを指している This なのかがわからない文章となることが多いので，これも要注意です。この問題の確実な解決法としても，This で指したい内容を具体的に書き表すという方法があります。

　つぎの例文を見てみましょう。

〔例文 5.1〕

　現在，土質力学に関する基礎研究の研究費は，ほとんど手に入らない状態である。これは政府の近視眼的な政策の結果である。

例文 5.1 を英訳すると，つぎのようになりがちです。

【英訳 1】

　Almost no funding is available now for basic research in soil mechanics. This is surely the result of shortsighted government policies.

　普通の英語の感覚では，2 番目の文の This は，そのすぐ近くにある単数の単語なので，basic research となります。ところが，和文を読む日本人の感覚では，This はその前の文のすべてを指しています。ここが問題となります。

そこで，この問題を解決するために，例えば前の文で述べた事実をすべて指すという意味を明らかにするため，つぎのように直します．

【英訳2】

Almost no funding is available now for basic research in soil mechanics. This fact is surely the result of shortsighted government policies.

これで意味は通じるようになりますが，いささかぎこちなさが残ります．そこで，前の文で述べたことのポイントをつぎのようにさらに具体的に述べるようにすると，流れがスムーズになって，英語らしくなってきます．

【英訳3】

Almost no funding is available now for basic research in soil mechanics. This situation is surely the result of shortsighted government policies.

this や that の使用上の要注意点は，「離れすぎ問題」といってもよく，which や that などの関係代名詞を日本人が使う際にも，同様の問題が発生することが多いです．この場合には，文をきちんと直すか，ないしは英訳3のような this の問題の解決法を応用して対処するのがよいでしょう．

5.2　we と you

e-mail や手紙文などで，日本語の「私どもは」の意味で，we を使いたくなることがあります．それでよい場合もありますが，英語の文脈によっては，メールや手紙文をやりとりしている you and myself を we で表すことも多く，必ずしも「私どもは」の意味にはなりません．we と書かずに，具体的に書くのが無難です．

　一例として，日本への海外招待講演者に対する旅費の支払い手続きについての説明を見てみましょう．

〔例文 5.2〕

I am writing this e-mail on behalf of Professor Iai to follow-up with you about the travel and financial arrangements for your participation in the Kyoto Seminar 2012 on January 12, 2012 at Kyoto University.

　　We will be pleased to cover reasonable travel expenses from your country to Kyoto and make a contribution towards your accommodation costs for up to 4 nights/5 days.

　　You could also opt to make the booking and pay for the tickets yourself, which we will reimburse provided the costs are reasonable and we have agreed them with you in advance.

　例文5.2で，1番目の文では，I（私）と you が出てきています。これらが出てくる流れ（文脈）で，2番目の文で We が出てくると，読み手のほうは，you and myself の意味で理解しようとして，戸惑いが発生する可能性が高いです。このような場合には，2番目の文での We を以下のように，具体的に書き直します。

【英文】

　Kyoto University will be pleased to cover reasonable travel expenses from your country to Kyoto and make a contribution towards your accommodation costs for up to 4 nights/5 days.

　同様に，3番目の文の二か所の we も Kyoto University に直していきます。

　ちなみに，3番目の文では，opt を使っていますが，これに代えて，choose や elect を使ってもよいでしょう。例えば，You could elect to make the booking yourself という感じです。

　you の使い方についても，ちょっとしたコツがあります。例えば，日本語の感覚だと主語を省略するところ，英語風に you を主語に持ってきて文を書きたくなることがあります。「素晴らしい」を

5.2　we と you

　　　You are wonderful.

とする感じです。相手をほめる，ないし肯定的に表現する場合には，まったく問題ありませんが，相手の意見を批判する，ないし否定的に表現する場合には，予想外に失礼な物言いになる可能性があります。

　例えば，日本語の感覚で「違うね」を

　　　You are wrong.

としたり，「遅いね」を

　　　You are late.

などとする例があります。しかし，英語の感覚だと，言葉で述べたことは絶対的な真実という感じがあります。そのため，You are wrong では，客観的な事実として，全人格を否定されてしまう感じが出てきます。この問題に対しては，

　　　I think you are wrong.

　　　I am afraid you are late.

などのように，最重要のカタマリでは I が主語となるようなスタイルに変えておくのが，簡単な解決法です。

　　　I think

がつくと，客観的な事実は，私が勝手に考えているという行為となります。この場合，

　　　you are wrong

は，単に私が考えている内容となります。別の考えも当然あり得るわけで，喧嘩にはなりません。

　ちなみに，聖書（ヨハネの福音書）が「はじめに言葉ありき（In the beginning was the Word）」ではじまるのは，よく知られているかと思います。光や物質よりも先に「言葉」があるのです。「それは言葉のうえのことで」などの日本人の感覚とは，言葉として言い切った際の重みが違うようです。

5.3 英語で敬語

日本語による電話で「〜さん,いらっしゃいますか?」という文は,英語では

    Could I speak to 〜 ?

と表現します。この表現は,高校までの英語の授業でもおなじみと思われます。英語による表現の形式としては,婉曲表現(indirect expression)の部類に属するもので,丁寧さを表すために広く用いられます(図 5.1)。

図 5.1　英語で敬語

上の文の内容と同じ文を,直接表現から婉曲表現まで,丁寧さの度合いが上がる順に,書き出してみましょう。

〔例文 5.3〕

  ① Is 〜 in the office ?

  ② Could I speak to 〜 ?

  ③ I wonder if I could speak to 〜 ?

  ④ I was wondering whether I could have the pleasure of speaking to 〜 ?

【和訳】

  ① 〜さん,いる?

② ～さんとお話しができたらと……。/～さんいらっしゃいますか？
③ ～様と，もしお話しができたらな，と思っておりますが……。
④ ～様と，もしお話しができるという光栄にあずかることができましたら，と希望いたしているところでありますが……。

例文5.3では，①が直接表現，②～④が婉曲表現となります。それぞれの表現方法の特徴は，以下のとおりとなります。
(1) ①では，「～さん」が主語であるのに対して，②～④では，「I（私）」が主語になります。
(2) ③④では，さらにI wonderをつけて，婉曲の度合いを増します。
(3) ④は極端に丁寧な例で，「～閣下のご尊顔を拝し奉り～」という表現の部類に属します。

例文5.3は，授業でお馴染みの電話の出だしの言葉にそろえて並べたものですが，もう少し一般的な例では，丁寧さの順につぎのとおりとなります。

〔例文5.4〕
① Give me ～．
② Could you give me ～？
③ Could you possibly give me ～？
④ Do you think you could possibly give me ～？
⑤ I wonder if you could possibly give me ～．

【和訳】
① ～をくれ。
② ～をくださる？
③ ～をいただけますか？
④ ～をいただけますでしょうか？
⑤ 恐縮ですが，～をいただけたら幸いです。

例文 5.4 の Give me 〜の箇所は，ほかの内容のものにも自由に変更できるので，応用範囲が広いといえます。

You や We（you and me の意味）ではじまる直接表現に，Maybe や Perhaps などのように和らげる言葉を付けて，丁寧さ（tentativeness）を表現する方法もあります。

〔例文 5.5〕
① Perhaps you could give me 〜．

【和訳】
① 〜をいただけます？

英語には，単語に近い敬語の使い方もあります。例えば，e-mail や手紙などで，至急返事をいただきたいという場面で，以下のような表現があります。

〔例文 5.6〕
① as soon as
② at your earliest convenience

【和訳】
① 至急，〜願います。
② 至急，〜いただければ幸いです。

as soon as は，直接的な表現であり，e-mail や手紙のやりとりの相手を上から目線で見て，命令調で，

「至急，〜」

と依頼する場合に使います。これに対して，

at your earliest convenience

は，

5.3 英語で敬語

「あなた様のご都合のよろしい時で最も早い時点で」
という婉曲表現を用いており，こちらの表現のほうが，日常的に使われることが多いといえます。

なお，和文で考えれば当然のことですが，英文の場合にも，同じ文面で，直接表現と敬語表現が混じる場合には，その文脈を注意深く確認することがポイントとなります。

「いつもお世話になり，ありがとうございます」
というような丁寧な，ですます調の一文に続けて，

「さて，あなたはいつも，きちんとした仕事をしているようであるが，
今度の仕事は最高の出来である」

と，文体が異なる文が続く日本語の e-mail をもらったとします。この場合のちぐはぐ感は，日本人にはすぐにわかるでしょう。英語でも，このようなちぐはぐ感が出ないように，英語圏の人に直してもらったりしながら，自分でもよくチェックしていきましょう。

手紙の初めと最後には，日本語の拝啓，敬具に相当するきまった言い回しがあります。つぎに，平易な英語で解説しますので，英語のまま読んで理解してください。

〔例文 5.7〕

Letters are the traditional form of correspondence and there is a strict format that should be followed when you are writing on business. When you are writing to a named person, in this example called Dr Smith, you should start with:

Dear Dr Smith

Then you should close the letter

Yours sincerely

[*my signature*].

If you are writing to a company, even if it is for the attention of a named person but the letter is official, not personal, then you would write the name and

address in the form
> *FAO Dr Smith*
> *Company Ltd*
> *London*

And then start the letter with the form
> *Dear Sir or Dear Madam*

Then you must close the letter
> *Yours faithfully,*
> [*my signature*].

例文 5.7 では，宛先（the salutation）は，either Dear Sir or Dear Madam の意味で使われていることに注意しましょう。

また，手紙の最後には，つぎのような表現が使われます。

〔**例文 5.8**〕

A more personal form of closure to someone you knew would be to say simply 'Yours', or 'Yours ever' and then add your signature below.

In email correspondence, closure is very difficult. Despite the flexibility of the English language, this is still a relatively new form of correspondence and people have not evolved a clear protocol.

Assuming that you do not use the letter forms 'yours sincerely' or 'yours faithfully', then in order of formality, the following are all acceptable:

Regards   : safe in all circumstances, businesslike;
Kind regards : slightly warmer, more polite, useful for a less formal exchange;
Best regards : positive close, usually once you know someone, still businesslike;
Warm regards : warmer close, more personal;

Best wishes	: suitable for social and business but not common now as regarded as a bit wet[†]
Best	: a version of 'best wishes' but with more character
Thanks	: a way of avoiding using any other close

For more personal correspondence, you might close the email by saying:

Yours	: which will be regarded as a sincere and positive close to a respected person

5.4　裏返しの丁寧表現

　4章で述べたとおり，文脈によっては丁寧さとまったく逆のニュアンスで丁寧表現を使う場合もあります。例えば，文脈や流れの上で，不自然に誇張された丁寧表現が現れた場合には，よそよそしさ，ないしは皮肉を意味する（話し手はかなり気分を害している）ことが多いです。

　丁寧表現のように，上級レベルの表現法は，機械的に応用するのではなく，その前後の流れを適切につかんだ上で応用することがポイントとなります。例えば，教授が授業中にほかのことをしている学生の Taro に向かって，つぎのような言葉をかけます。

〔例文 5.9〕

Taro, I wonder if I might ask you to turn your eyes in this direction ?

　この場合には，教授が人格円満で学生に対しても，ですます調で接しているということではけっしてなく，かなり気分を害しているといえます。

　教授が気分を害していないレベルであれば，例文 5.10 のようになります。説明も英語で書いていますが，平易な英語なので，そのまま英語で説明を読ん

[†]　Wet in British slang means 'lacking character'.

で，内容を理解してください。

〔例文 5.10〕

You might say (if they are talking amongst themselves and not paying attention),
　　'Taro, could we have one meeting here, please ?'
　　　If the person is simply day-dreaming, then you might say,
　　'Taro, we're over here,'
or if you want to be more respectful, you might ask,
　　'Taro, are you happy with this ?' or 'Taro, any thoughts ?'

　逆に，相手にとって 100 % 肯定的な内容の場合には，命令表現も含め，直接的な表現でも，まったく問題ありません。むしろ，直接的な表現のほうが，自然で丁寧な表現となる場合も多いです。例文 5.11 はその例です。

〔例文 5.11〕
　① Help yourself.
　② That was wonderful.

5.5　アー，ウー

　昔は，政治家の答弁や校長先生の訓話などのように，マイクの前で考えながら話す際に，エー，アー，ウーなどの意味のない言葉で，つぎの言葉が出てくるまでの間を声で埋めて，話をつなぐことが多かったようです。1970 年代後半日本の首相になった人で，アー，ウーがあまりに長く，そして連発されるので，ちまたでは「あーうー宰相」と呼ばれた人もいたくらいです。

　いまではあまり聞かなくなったアー，ウーですが，これを英語でのスピーチや発表などで，つぎの言葉を考える間を埋めるつもりで使うのは避けたいものです。これを使うと，英語圏の人達は，なんの言葉なのだろうと具体的に考え

はじめてしまいます。さらに、彼らの頭の中では、つなぎ言葉のアー、ウーの前後の話の流れもかき消されてしまう恐れがあります。

　英語でも、まれにはつぎの言葉を考える間を埋める具体的な意味がない言葉を、日本語のアー、ウーのように使うことがあります。大抵は、

　　　　A … ,
　　　　The … ,

などのように、冠詞を引き延ばして使います。強調形で発音することも多く、カタカナでは、「エイ……」、「ディ……」の感じです。

　英語の世界では、単数なのか複数なのか、また一般のものなのか特定のものなのかについて、とても感覚が鋭い（こだわりがある）ので、つぎの言葉を探している際にも、ぼやっと「一つのもの」とか「特定のあるもの」といった感覚だけは、先行して頭に浮かぶようです（7章参照）。

　ちなみに、不特定の複数形ないし不可算でのつなぎは、

　　　　uh … ,

になります。もし、英国圏の人達のスピーチや発表で、このようなつなぎ言葉が出てきたら、単に聞き流しておけばよいでしょう。

5.6　あいづち

　電話でも会話でも、あいづちは日本語で話すときよりは入れずに、黙って大きなカタマリや流れをつかむようにして聞くようにしましょう。日本語の場合、電話ではあいづちがないと、相手が回線がつながっているか不安になったりして、自分から話を中断し、もしもしの類で聞き返したりします。英語ではこのようなことはありません。

　日本語の感覚では、「yeah, yeah（Yes のなまった口語調の発音）」や「uh huh（アー、ハー）」などのあいづちを、相手がしゃべっている最中でも入れたくなります。しかし、しゃべっている英語圏の人の側からすると、うるさい感じがするものです（図 5.2）。

図 5.2　あいづち

　入れるとしたら，しゃべっている最中でもよいですが，なるべく文の切れ目を狙って，

　　Really ?
　　OK
　　I see
　　Yes

と入れると自然です。

【あいづち表現の補足説明①】

This shows you are interested and you are paying attention and still awake. You are not seeking to interrupt them, just to encourage them to tell their story.

「Really ?」や「OK」の代わりに，文の切れ目で，

　　Is that so ?
　　Is that right ?
　　Is that true ?
　　Is that the case ?

5.6 あいづち

を使った場合など，日本語の感覚なら，

　　「そうなんだー」

のような感じのつなぎを入れると，さらに自然になります。

【あいづち表現の補足説明②】

　You are issuing a challenge that you don't entirely believe what the person is saying.
　　　　They will be forced to continue the conversation, either by saying "Yes" and moving on to a new subject, or by saying "Yes" and then repeating their story with more evidence.

　文の切れ目がきても，話の流れ（文脈）が続いているようだったら，あいづちは入れずに，黙って流れに沿って聞いていくのも自然です。一つのパラグラフ（段落）の終わりあたりで，あいづちが入るようになれば，自然な感じが出てきます。

　ここまでのあいづち表現は，単なるあいづちなので，基本的には相手に話しつづけさせる感じになります。これに対して，自分が話を引き継いで話しはじめたい場合の切り出し文句としては，以下のようなものがあります。

　　　　That's very interesting
　　　　That's marvellous
　　　　That's very funny
　　　　That reminds me of ～

　あいづちしないで黙って相手の話を聞いている際には，つぎに自分がなにをしゃべるかをつねに考えて，能動的に相手の話を聞くと，聞き方が自然になり，会話もはずんでいくようになります。「初めが肝心」で，最重要のカタマリをしっかり押さえておけば，あとは単なる追加説明の連続なので，聞き流しておいても，相手が追加説明を続けている間に割り込んでもよいのです。

　あいづちを連発しない代わりに，直接対面しながらの会話であれば，日本語を話すときよりは，なるべく相手の目を見る（視線をそらさない）ようにする

のが自然でしょう。視線を日本人の感覚ではずされると，英語圏の人には，別のことを考えているのでは，とか，しっくり感や会話の流れに沿った一体感が出てこないような感じがするものです。

映画でウソを真顔でつくシーン（例えば，二重スパイの役柄の女優さん）などでも，ウソをつくときは，さりげなく（なにか別のことに気を取られたかのように）視線をはずすしぐさをして，映画のお客さんにウソをついているよ，ということがわかるようにしたりすることがあります。機会があったら，このあたりにも，ちょっと注意して見てみましょう。

5.7 four letter words

日本語では「くそ」などの軽い言葉から，かなりきわどい意味の言葉まで，俗語は日常ないしは映画や小説のある特定の場面で，比較的頻繁に使われます。英語も同様で，shit（くそー），bull shit（うそつけー），ass/asshole（アホー），bastard/son of a bitch（この野郎（こんにゃろー））などであれば，きわどさも軽いので，耳にすることもあるでしょう。

俗語（slang）は，四文字のことが多いので，four letter words とも呼ばれます。日本語の俗語を学校では教えないのと同様の事情で，英語の俗語も正面から教科書に取り上げて教えることはできませんが，それでも国際人としてのコミュニケーションの上で，ある程度までは，参考知識として持っていたほうがよい基礎事項について，解説しておきましょう。

まず，俗語（slang）は知っておくだけにしておいて，自分では使わないのが無難です。かりに日本語が大変流暢な外国人であっても，その外国人の口から日本語の俗語が出てきたら，それを聞かされる日本人としてはどのような気持ちがするか想像してみれば，「使わないのが無難」ということが自然に理解できると思われます。

本来はきわどい意味で使われる slang ですが，転じて単なる強調の役割で使われることも多いです。例えば，

5.7　four letter words

　　　What are you doing?（なにやってるの?）

を強調して，What the fuck are you doing?（一体全体なにやってんの?）のように，本来は卑猥な意味の slang を混ぜて，驚愕の感情や呆れたという気持ちを表現したりします。口語（日本語）で，ド〜，とドをつけて強調することがありますが，この程度の軽い強調です。

　このような軽い意味で使う場合も含めて，slang を使うべきではない場面で，うっかり使ってしまった場合，失礼を詫びる意味で，

　　　Excuse my French.

などの台詞が使われる場合があります。slang は英語であり，フランス語ではないのですが，まともな英語としては使ってはいけない言葉なので，さきほどの言葉は英語ではないよと，とぼけつつ取り消すわけです。

　日本語では俗語になり得ない言葉で，俗語と同様の扱いとなる言葉があります。驚愕した際の Jesus!（本来はイエス・キリストを指す）がその典型例です。日本語では「え〜っ」，「ん〜」あたりの感じで，驚きのあまり言葉がすぐに出てこない状況で使います。英語では，驚きのあまり途方に暮れた気持ちが，「神よ，助けたまえ!」の台詞につながり，それが転じたのでしょう。

　神聖なる神の子の名を，単に驚いたというだけで軽々しく呼ぶのはいかがなものかというようなことで，俗語と同様の扱いとなるようです。このような問題を避けるために，

　　　gee!（発音は，Jesus（ジーザス）のジーと同じ）

といったりもしますが，それでも眉をひそめる人がいます。同様の驚愕の表現で，

　　　Oh my god!

も使われます。こちらは slang よりは許されるようですが，それでも，宗教上厳しい人は眉をひそめるとのことです（図 5.3）。

　slang を戒める台詞として，

　　　Mind your tongue!／Watch your tongue!（口を慎みなさい）

などがあります。年配の大人の台詞で，俗語を初めて知って得意がって用もな

図 5.3　Watch your tongue

いのに使う子供（未成年）などを戒めるときに使う言葉です．

以下のアドバイスも平易な英語で書かれていますので，英語のまま読んで，理解しましょう．

〔例文 5.12〕

Swearing of any form is considered to be very bad manners indeed. Although many years ago it was more common, especially on sites but also in offices, it is now regarded as unacceptable amongst polite society[†]. People will occasionally mutter a swear word under their breath if they have lost something or missed the train, or whatever, but not to anyone's face. If you must swear, swear in Japanese. That will surprise them!

5.8　感　　　謝

日本語では，感謝されたりほめられたりしたら，「どういたしまして」，「と

[†] In British culture, 'polite society' means educated people who are in the mainstream of society.

5.8 感　　　謝

んでもありません」の調子で，相手の言葉を否定することにより，謙遜の意を表現して，丁寧表現とします．英語ではこのような否定表現はあまり使わず，肯定的に感謝の気持ちを返すことにより，丁寧表現とします．

【英語表現】

① （感謝）Thank you.
　　（返答）You're welcome.
② （賞賛）That was great.
　　（返答）Thank you.

①の返答は，日本語では「どういたしまして」と訳しますが，直訳すれば，「あなたはいつも歓迎されています」となります．歓迎されている素晴らしい人だから，「Thank you と言われるような～をしたのよ」という感じで，逆に相手をほめたたえることにより，丁寧表現としています．

②の返答も，和訳すれば，「あなたが賞賛の言葉をかけてくれたことに対して，感謝します」となり，やはり相手の言葉を肯定的に返します．この場合，日本語では「いえいえ，それほどでも……」などと相手の賞賛を否定することにより丁寧表現としますが，英語の場合には言葉を否定されると，あたかもウソを言ったかのようなニュアンスが出てしまい，具合が悪いようです．

ただし，以下のような例もあります．

【英語表現】

③ （賞賛）I love that dress. Is it new ?
　　（返答）Thank you. No, it's quite old, but I've always liked it.

この場合には，返答で否定しており，日本語での謙遜表現が混じっています．③の場合では，賞賛の表現が疑問形なので，疑問であれば否定しても問題ありません．この例では，さらに続けて，Thank you の流れを肯定的に受けるような表現としています．

英文表現③については，つぎのようなさらなる展開もあります．この流れ

のやりとりだと，日本語での謙遜による丁寧表現のニュアンスにかなり近くなります。説明文も英語で書きますので，英語のまま読んで，内容を理解してください。

〔例文 5.13〕
In the same manner, British ladies sometimes have a funny habit of saying (after you have complimented them) how cheap their dress or jewellery was, as if to pretend they wouldn't waste money on such unimportant things. The best response is just to say something like,

　　'Well, it's still very smart and it suits you very well,'
and move on.

5.9　謝　　　罪

　日本語では，お詫びする際には，お詫びの言葉に続けて自らの非を具体的に認める言葉とともに，「今後，二度とこのようなことはいたしません」など，今後の改善策を述べて閉じるのが普通です。ところが英語では，お詫びの言葉に続けて，なぜ失敗したかの理由を述べるのが普通です。

【英語表現】
　I'm sorry I was late. The bus I meant to get was too crowded and I had to wait for the next one.

　2章で学んだように，英語では初めが肝心です。上の例で，最重要のカタマリは，
　　　I'm sorry（申し訳ありません / お詫びします）
です。英語では，その後ろにくるものは，追加説明となります。この例では，お詫びしている内容を具体的に説明して，追加説明も含めた全体を丸ごとお詫びしているのです。

5.9 謝　　　　罪

　2章で解説したとおり、日本語では最後のほうにくる言葉が、初めの言葉と同じ程度に重要になります。そこで、英語でのお詫びの表現を日本語の意識で聞いていると、追加説明が言い訳のように聞こえてきます。そのため、謝罪表現を英語で聞かされる日本人が、うっかりそれを日本語の感覚で聞いてしまうと、イライラしてくることも多いです（図5.4）。

　しかし、これは英語表現を日本語として聞くことによる、日本人側の過りが原因です。頭を英語モードに切り替え、「初めが肝心」をマスターしていくと、国際人としてのコミュニケーションも自然になっていきます。

図5.4　謝　罪

コラム

男の名前、女の名前

　好きなジャンルの洋書をどんどん読んでいきましょう。少しやわらかい読み物系の洋書（ペーパーバックス）なども、お薦めです。中でも、New York Times Best Sellers のように数多く売れている本は、とても読みやすいので、お薦めです。ベストセラーは内容も面白いですが、その文章や構成がしっかりしているので、文章の流れ（6章参照）を勉強するうえでも参考になります。

　さて、このような読み物を読む際に、読みなれないと特に困るのが、登場人物の名前です。複数の登場人物が出てくるのが普通ですが、読んでいく途中で、誰が誰だったかわからなくなってしまったりします。

　時間のあるときにでも、男の名前、女の名前やその愛称（省略形で、〜ちゃ

んの感じ）などを覚えておくとよいでしょう．女の名前で，日本人によく知られているのは，昔の有名な女優さんの名前だったこともあり，Elizabeth（エリザベス）で，その愛称が Liz（リズ）だというあたりでしょうか．

じつは Elizabeth の愛称には，Liz のほかにも，Lizzie, Lizzy, Libby, Beth, Betsy, Bett, Betty, Bessie などがあります．実際にどの愛称を使うかは，子供の頃にどのように呼ばれていたかで決まってしまいます．名前を呼ぶほうの好き好きで，勝手に愛称を変えることはできません．また，Elizabeth としか呼ばない（呼ばせない）人も多いようです．ほかの例で，つぎのように，一見別名かと思われるものが，じつは愛称であることもあります．

　女の名前：Margaret（マーガレット）
　　愛称：Madge, Maggie, Meg, Peggie, Peggy（ペギー）
　男の名前：Richard（リチャード）
　　愛称：Dick（ディック），Dickie, Dicky, Rick, Ricky, Richie, Ritchie
　男の名前：Robert（ロバート）
　　愛称：Rob, Robbie, Bob（ボブ），Bobby

さらに慣れてきたら，登場人物の名前を見ただけで，スラブ系，ユダヤ系，ラテン系，アフリカ系アメリカ人，イギリス人，スコットランド人などもわかるようになってきます．そうすると，登場人物の髪の毛，眼，肌の色などと合わせて，すっとイメージがわいてきて，読み進めるのも楽になっていきます．

(記：井合　進)

演 習 問 題

〔5.1〕　好きなジャンルの映画（英語で吹き替えなし版）を見て，丁寧表現と乱暴な表現とを，一つずつピックアップしてみましょう．

〔5.2〕　英語圏の人と会話をして，あいづちがうまくできているか，チェックしてみましょう．また，相手の話が終わるタイミングを日本語のときのように待ってしまい，なかなか話し出すきっかけがつかめないか，などもチェックしてみましょう．

〔5.3〕　適当な辞書（例えば，Longman Dictionary of Contemporary English の Language Notes）や英語教材などで，丁寧表現（婉曲表現），感謝，謝罪の表現について，さらに勉強していきましょう．

〔5.4〕　適当な辞書（例えば，Oxford Advanced Learner's Dictionary）などで，男の名前，女の名前とその愛称を調べ，それぞれ五つずつ書いてみましょう．

6章 文章の流れ

◆ 本章のテーマ

前章までで，英語が身近に感じられるようになってきたところで，本章では，文章の流れの基礎をあらためてきちんと学習して，確実に自分のもの（力）にしていきます。ここで学ぶ内容はかなり高度ですが，じつは英語のみならず日本語での報告書の作成にも共通するものです。一度そのコツをマスターすると，幅広く使えます。確実にもの（力）にしていきましょう。

◆ 本章の構成

6.1 一つのパラグラフには一つの内容
6.2 トピック・センテンス
6.3 パラグラフの形式
6.4 頭からすらすらと書く
6.5 主語と述語のカタマリ

◆ 本章を学ぶと以下の内容をマスターできます

☞ 段落（パラグラフ）の構成力
☞ 流れにのった文章を書く力

6.1 一つのパラグラフには一つの内容

　パラグラフは段落のことで，いくつかの文で構成し，最後の文で改行します。一つのパラグラフは，文章の流れにおける一カタマリを構成し，一つの内容を表現します。かりに書きたいことが多数あっても，一つのパラグラフで二つ以上の内容を表現してはいけません。これは，日本語でも英語でも共通しています（図 6.1）。

図 6.1　一つのパラグラフには……

　パラグラフについて，前の段落の和文を一つの例文として使い直して，パラグラフの流れがどのようになっているかを具体的に見てみましょう。

〔例文 6.1〕
　①パラグラフは段落のことで，いくつかの文で構成し，最後の文で改行します。②一つのパラグラフは，文章の流れにおける一カタマリを構成し，一つの内容を表現します。③かりに書きたいことが多数あっても，一つのパラグラフで二つ以上の内容を表現してはいけません。④これは，日本語でも英語でも共通しています。

まず，例文6.1の段落が表現する内容は，下線を付した②を集約して，「一つのパラグラフは，一つの内容を表現する」というものです。①③④の文は，この内容の追加説明となります。

では，もしも「一つのパラグラフは，一つの内容を表現する」という内容に加えて，さらに④の「これは，日本語でも英語でも共通している」という内容も表したいのであれば，どのようにパラグラフを構成したらよいでしょうか。その場合には，例文6.1では単なる追加説明の役割を担っていた④の内容を，段落を変えて，例えばつぎのように書いていきます。

〔例文6.2〕
①パラグラフは段落のことで，いくつかの文で構成し，最後の文で改行します。②一つのパラグラフは，文章の流れにおける一カタマリを構成し，一つの内容を表現します。③かりに書きたいことが多数あっても，一つのパラグラフで二つ以上の内容を表現してはいけません。

⑤これは，英語の作文では特に強調される点です。その内容は，英語圏の大学では英作文の授業で徹底的に指導されます。⑥では，日本語の場合には，一つのパラグラフで二つ以上の内容を表現してもよいのでしょうか。④<u>じつはそれは誤りであり，一つのパラグラフが一つの内容を表現するという点は，日本語でも英語でも共通しています。</u>

例文6.2では，下線を付けた文末の④に書かれた内容が，第2段落で表現する内容として位置付けられ，第2段落の⑤⑥はその追加説明となります。

この流れではパラグラフごとの論旨が，第1段落で「一つのパラグラフは，一つの内容を表現する」，つぎに第2段落で「これは，日本語と英語で共通している」と展開されています。したがって，第2段落のつぎの段落では，この第2段落の内容を受けて，さらなる内容の展開が期待されるようになります。

このように，パラグラフは文章としての一カタマリを構成し，複数のパラグラフがつぎつぎにつながって，文章全体の大きな流れを構成していくのです。

| 6.2 | トピック・センテンス |

　複数の文で構成されるパラグラフには，まずパラグラフの内容を表す文が必要です．この文をトピック・センテンスといいます．英文でのパラグラフでは，トピック・センテンスは初めに出てくることが多いです．2章でも取り上げたつぎの例を見てみてみましょう．

〔例文6.3〕
① Sustainability is an all-encompassing concept that increasingly influences industrial and social actions and is a controlling element in many major engineering projects. ② Stephen Toope, President of the University of British Columbia, in a recent article gave a lucid and illuminating description of the concept. ③ "Sustainability has become one of our society's most compelling - if somewhat imprecise - ideas. From climate change and resource management to social equality and cultural diversity, this concept drives us to examine how we can live in harmony with the world around us, and insists that we make choices that will have a positive impact on generations to come. As individuals, each of us has an opportunity and a responsibility to apply the filter of sustainability to our activities."

　　―― W.D. Liam Finn：Mitigating seismic threats to sustainability (2011) より

　例文6.3では，①がトピック・センテンスとなり，②はその追加説明，③は②の追加説明となります．③自身は，さらに複数の文で構成されて一つのカタマリとなっています．
　文章を書きなれていないと，トピック・センテンスに続けて，その追加説明文を書かずに，その先の内容の文を書き進めたくなります．日本語の文章の「起承転結」でいえば，「承」が欠けた文章で進めたくなるのです．このように「承」の文が欠けると，トピック・センテンスの印象が薄くなり，一つのパラ

グラフの中で，どれがトピック・センテンスなのかがわかりにくい文章になります。

このことを，和文で具体的に見てみましょう．前の段落を，例文として使い直して，まず番号を振ります．

〔例文 6.4〕
① 文章を書きなれていないと，トピック・センテンスに続けて，その追加説明文を書かずに，その先の内容の文を書き進めたくなります。② 日本語の文章の「起承転結」でいえば，「承」が欠けた文章で進めたくなるのです。③ このように「承」の文が欠けると，トピック・センテンスの印象が薄くなり，一つのパラグラフの中で，どれがトピック・センテンスなのかがわかりにくい文章になります．

例文 6.4 では，② の文が「承」に相当します．これを省略すると，つぎのようになります．

〔例文 6.5〕
① 文章を書きなれていないと，トピック・センテンスに続けて，その追加説明文を書かずに，その先の内容の文を書き進めたくなります。③ 追加説明する文が欠けると，トピック・センテンスの印象が薄くなり，一つのパラグラフの中で，どれがトピック・センテンスなのかがわかりにくい文章になります．

トピック・センテンスを追加説明する役割を担う ② が欠けた例文 6.5 と，② が含まれた例文 6.4 とを読み比べると，内容についての印象の鮮明度や，さらには全体的な流れのスピード感（読みやすさ）が，かなり違うことが理解できるでしょう．トピック・センテンスの追加説明があることにより，段落の内容の印象が鮮明になり，文章としての流れ（読みやすさ）も，格段に改善す

るのです。

　自分の書いた文章についても，その見直し（推敲）の段階でよいので，トピック・センテンスを追加説明する文が欠けていないかチェックしましょう。もし欠けているようであれば，それを補うようにするとよいでしょう。この点も前節に示した内容と同じく，日本語にも英語にも共通する事項です。

6.3　パラグラフの形式

　パラグラフに含まれる文の順序として比較的無難なのが，「起承転結」の形式です。日本語の文章でも同じことがいえます。この形式では，「起」に相当するトピック・センテンスの内容を「承」に相当する追加説明でフォローして，段落の主題をまず固めておきます。つぎに「転」で少し横に振ってイメージを広げ，最後には「結」で全体をくくるという流れにより，一つの内容を表現します。

　実際には，起承転結のうちから「転」の部分を省略する形式，さらには「転結」の二つを省略する形式もよく使われます。この点も日本語の文章と同じです。例えば，6.2節に示した例文6.3では，① がトピック・センテンスで「起」，②③ がこれを追加説明する「承」というシンプルな形式になっています。

　パラグラフの構成（文章の流れ）には，起承転結以外にも，いろいろな種類のものがあります。金科玉条のごとく「起承転結」にこだわるのは，少し窮屈かもしれません。一例として，1.1節で用いたつぎの例文を見てみましょう。

〔例文 6.6〕
① Many striking photographic images have come to define aspects of the twentieth century, some, of course, quite horrible. ② One that has rightly achieved iconic status is the view of the earth first obtained from within the lunar orbit during the Apollo programme of the 1960s. ③ Ever since the time of Galileo

6.3 パラグラフの形式

people have gazed at the planets through telescopes and wondered about conditions there and the possibility of life existing in these distant worlds. ④ But compared with the view of the earth from near space these planets look quite uninteresting. ⑤ The great surprise was the realization that our planet is very beautiful and yet seems to be so delicate（Fig.1.1）. ⑥ At the time of the first moon landing Norman Cousins, a columnist in the New York Saturday Review, made an important observation： "What was most significant about the lunar voyage was not that men set foot on the moon, but that they set eye on the earth."

　例文6.6では，①の内容を導入として使い，②がトピック・センテンスとなります。③は「転」となり，②から少し離れて，議論に幅を持たせます。④が「結」に相当する部分で，もう一度②を確定します。⑤⑥は④の追加説明となります。

　やや面白い構造になっているのが，⑥の追加説明の最後に出現する引用句（quotation）です。これが段落の最後に出てくることもあり，読者には，これも②のトピック・センテンスと同じ程度に，強い印象を残します。この印象をてこにして，つぎの段落へと論旨を展開していきます。

　このように，必ずしもトピック・センテンスが冒頭に現れるとは限らず，「起承転結」の形式も，ガチガチの起承転結というよりは，もう少し自由な論理の流れで，パラグラフが構成されている例が多いです。

　別のパラグラフの例として，一面に広がる田園風景の描写などの場合に相応しい形式があります。この場合には，田園風景の全体からはじめて，画面をしだいに絞り込んでいくように進めていき，パラグラフの最後を小さなスミレの花を説明する文で閉じるなどの形式が考えられます（**図6.2**）。

　もちろん，この形式とは逆に，小さなものから全景に移っていく形式や，右から左へと順に述べていく形式など，種々考えられます。どのような形式にも共通しているポイントは，描写の順序が一定の規則（論理）に従っている点で

図 6.2 パラグラフの形式

す。本来，田園風景そのものには論理はないのですが，それを描写していく順が一定の規則（論理）を満たすことがポイントです。

このように，一定の規則（論理）を満たすことにより，文章の流れが自然なものとなり，読みやすい文章になります。

理科系の文章の場合で，地盤条件や実験条件の記述などの際には，このように起承転結ではなく，空間的ないし時間的な流れの順を追って，パラグラフの構成を組み立てるとよい場合も多いと思われます。英語圏の人が書いた読みやすい論文で，地盤条件や実験条件の記述のパラグラフを参考にするとよいでしょう。

英文の書き方のアドバイスに，「文を短く」というシンプルで万能なアドバイスがあります。実際，このアドバイスにより，一つの文についての文法上の問題などが，結果として解決されることも多いです。

しかし，一つひとつの文を短くしていっても，複数の文で構成される文章全体は改善されないことが多いのも事実です。それは，パラグラフの構成（文章の流れ）についての問題があることが多いからです。本章を参考にしつつ，英語を母国語とする人が書いた読みやすい英文を読んでいくと，自然と流れがよい文章が書けるようになっていくでしょう。

6.4 頭からすらすらと書く

　文章の全体的な流れ（パラグラフの構成）を頭に入れたうえで，いよいよ英文を書いてみましょう。

　1章で英文を英語のままで読む練習をしたのと同様で，英文を書く際にも，書きたいことを英語のまま直接書き出すのが基本です。この練習の導入として，まず1章に示した図1.1を眺めながら，以下の内容①について，英語で書いてみてください。

〔**内容①**〕

　まさに象徴的なステータスシンボルとなったのが，1960年代のアポロ計画での月飛行航路から世界で初めて得られた地球の映像だった。

注意：内容①は，以下に続く和文の解説を読むより前に，必ず自分で一度英文にしてください。

　さて，どのような英文ができあがったでしょうか。

　つぎは，図1.1を眺めながら，同じ内容をつぎの内容②の順序で頭に思い浮かべて英文にしてみましょう。この際，順序についてあまり厳密に従う必要はありません。言いたいことのポイント（最重要な点）はなにか，またその追加説明はなにかの二点を意識して，これに沿って言いたいことが整理できていればよいのです。

〔**内容②**〕

　まさに象徴的なステータスシンボルとなったのが，地球の映像であった。
　　その映像は，世界で初めて得られた映像であった。
　　　それが得られたのは，月飛行航路からであった。
　　　　その月飛行は，1960年代のアポロ計画でのことであった。

注意：内容②も，以下に続く和文の解説を読むより前に，必ず自分で一度英文にしてください。

　じつは，内容①②とも1.1節で示した和訳で，内容①はふつうの和訳，内容②は頭からすらすら訳です。和訳する前の英文も1.1節に示しているので，これと自分で英文にした二つの英文とを比べてみてください。

　内容①と②では，内容②を頭に思い浮かべたほうが，英文が書きやすかったのではないでしょうか。また，内容②から自分で英文にしたもののほうが，1.1節で示した英文に近い内容になっているのではないでしょうか。

　この例でもわかるとおり，英文を書く際には，その内容を内容①のように，いきなり大きなカタマリとして頭に詰め込むのは避けることがポイントです。その代わり，英文を書きだす前に一度，内容②のように全体の大きなカタマリをさらに小さなカタマリに分けておきます。

　そして，これらの小さなカタマリのうち，どのカタマリが最も重要なのか，また，それを追加説明するカタマリはどれか，さらにそれを追加説明するカタマリはどれかというように，自分なりによく整理してみることがポイントとなります。その際のカタマリは，主語述語などの基本セットで一カタマリとします。

　最後に，英語のまま書き出す練習の本番として，図1.1を眺めながら，以下の内容③を頭に思い浮かべてください。この際，日本語の表現ではなく，内容に集中するのがポイントです。

〔**内容③**〕

　地球の映像を地球上の人々がびっくりして見ていた。
　　20世紀で初めて見る映像。
　　　月に向かうアポロ号からの映像だった。

　この内容を一度頭にイメージ（内容③の文を覚えるのではなく，「地球の映像」，「世界初」，「アポロ号」などを頭にイメージ）しておき，一度イメージが

6.4 頭からすらすらと書く

できたら，あとは内容③の日本語をまったく見ないで，英語でその内容を書いてみてください．

その際に，一挙にすべてを書き出すのではなく，最重要の内容（イメージ）と，その追加説明をきちんと整理して，最重要の内容から順に書いていくのがポイントです．

なお，イメージができたからといって，そのイメージを This is the earth. That is the Apollo. のように羅列（列挙）して書くのではありません．文はいくつかに分かれてもよいのですが，それらの内容を整理して，全体としてつながりがある形（流れがある形）で英語を書いていくのです．難しければ，童話や昔話モードで，お話をする感覚で書いていくとよいかもしれません．

注意：内容③も，以下に続く和文の解説を読むより前に，必ず自分で一度英文にしてください．

初めのうちは，なかなか難しいでしょう．しかし，練習を続けていくと，少しずつコツがつかめてきます．また，これと平行して，1, 2章のような英文の読み方（ないし聞き方）の基礎練習を続けていくとよいでしょう．

このような基礎練習を続けていくと，しだいにわざわざ一度日本語に訳して理解するよりは，英語のまま内容を理解するほうが楽になってくるでしょう．このようになれば，自分の考えを一度日本語にしてからさらにそれを英語に直すよりも，自分の考えを直接英語にして，書いたり，しゃべったりするほうが楽になってきます．そのうちに，書くスピードも上がってくるようになります．

なお，新しい文章を書く際には，しゃべるときと同じような気持ちで，細かいことは気にせず，書きたい内容や全体の流れに乗って，一気に書いてしまうのがポイントです．つぎに，読みやすい文章にするための見直し（推敲）の段階で，「単語」，「一つひとつの文」，「パラグラフの構成」，「全体的な流れ」を，じっくりと時間をかけて見直していくのです．

6.5 主語と述語のカタマリ

　止むを得ず，一度日本語で書いたものを英語に持っていかなければならなくなった場合，どのようにしたらよいかについて，本章の付録的な位置づけで見てみましょう．例えば，誰かから日本語の文を英訳してほしいと依頼された場合が，ここでいう止むを得ない場合に相当します．

　この場合のポイントは，英語に持っていく前に，主語と述語のカタマリがきちんと対応しているか，文章をよくチェックすることにあります．つぎの例文をチェックしてみましょう．

〔例文 6.7〕
　① 自分が考えていることを ② 直接英語で書くことができるようになれば，③ 主語と述語のカタマリも自然と意識に上がってくるので，④ 問題は自然と解消されますが，⑤ もし以前のように，日本語で書いたものを英語に持っていく際には，⑥ 主語と述語のカタマリがきちんと対応しているか，⑦ 日本語の段階で ⑧ 文章をよくチェックしておく必要があります．

　例文 6.7 について，主語と述語の関係を中心にチェックしていきます．まず，①② で共通して省略されている主語は「あなた」で，これを補うと，それぞれ
　　① （あなたが）考えている
　　② （あなたが）書くことができる
となり，つじつまは合っています．

　つぎに ③ では「も」が使われていますが，主語は「主部と述部のカタマリ」で，これを受ける述部は「意識に上がってくる」となり，主部述部のつじつまはあっています．しかし，ここで「も」が使われているので，その他のもので

6.5 主語と述語のカタマリ

自然と意識に上がってくるものはなにかが，それまでの文脈から読み取れるようになっているかは，要チェックとなります．その他のものが無い，もしくは読み取れない場合は，「も」を適切な助詞に変更する必要があります．

つぎに ④ の「問題は自然と解消されますが」の「問題」ですが，これは，じつは ⑥ に出てくる「主語と述語のカタマリがきちんと対応しない」という問題を指しています．したがって，「問題」がここで出てくるのは無理があります．書き手の気持ちが先走ってしまった結果です．感覚がするどい読者だと，この「問題」が読みにくかったかもしれません．

つぎに ⑤ で，「書いた」，「持っていく」という動詞が出てきますが，これらの隠れた主語を補うと，

⑤（あなたが）書いた，（あなたが）持っていく

となり，ここでも「あなた」が主語なので，全体として統一がとれているので問題はありません．

つぎの ⑥ は，前述の ④ で出てきた「問題」にあたる内容です．

つぎに ⑦ で，

⑦（なにが）日本語の段階，ないし，（なにが）日本語である段階

なのかの主語が，あいまいになっています．この主語が ① の「自分の考えていること」であるなら，① と ⑦ では主語と述語が離れすぎているので，ここで，それを明確にすべきでしょう．

最後に ⑧ で，

⑧（あなたは）文章をよくチェックしておく必要があります．

となりますが，この場合の文は，隠れた主語の「あなた」の述語は，「チェックしておく」であって，「必要があります」ではないことを明確にする必要があります．そのためには，⑦ の文は「チェックしておく必要があります」を「チェックしておくことが必要です」に代えておくとよいでしょう．

以上の分析を基に例文を書きなおせば，つぎのとおりとなります．

〔例文 6.8〕

①あなたが考えていることを②あなたが直接英語で書くことができるようになれば，③主語と述語のカタマリは自然と意識に上がってきます。④したがって，主語と述語の対応関係があいまいになるという問題は，自然と解消されます。⑤しかし，もし以前のように，あなたが日本語で書いたものを英語に持っていこうとするのであれば，⑥主語と述語のカタマリがきちんと対応しているかについて，⑦あなたが考えていることが日本語で書かれた段階で，⑧あなたはその日本語の文章をよくチェックしておくことが必要です。

このように，止むに止まれぬ事情で，日本語で一度書かれた文を英語に持っていく場合には，隠れた主語・述語のカタマリの対応関係を含め，まずは一つの文として，正しい文となっているか否かについて，チェックしましょう（図6.3）。試みに，例文6.7と例文6.8を両方とも英文にして，比べてみてください。

図6.3 結局は日本語も英語も……

6.5 主語と述語のカタマリ

注意：必ず，両方の例文を英文にしてください。

例文 6.7 の英訳は，かなり苦労したのではないでしょうか。

和文の一つひとつを英文にすることができたら，つぎは文章としてのチェックが必要となります。日本語の文章は，英語に直すと文と文のつながり方が不自然になりがちなので，英語として自然なつながりになっているかをチェックしましょう。

最後に，特に重要なのがパラグラフの構成のチェックです。パラグラフの構成や順を追った文章の展開など，きちんとした作文技術の基礎を身につけていくことにより，パラグラフの構成における問題も，しだいに解消されていきます。

コラム

論理

とある夏のこと，ニューヨークのマンハッタンに家内と遊びにでかけ，一週間ほど家内の友達の家に泊めてもらったことがありました。場所はアッパーウェストサイドで，セントラルパークのすぐ西隣。広い通りを隔てた斜め前には，アメリカ自然史博物館もあるという静かなところです。

マンハッタンですから，家といっても日本でいうマンションスタイル。ただし，部屋数はベッドルームだけでも 3〜4 室。スタインウェイのグランドピアノが置かれた広々としたリビング。これとは別にダイニング。キッチンはまた別。天井も高く，床も年代物の寄木細工という具合です。

さて，このお友達はピアニストなのですが，同時に Soap Opera（日本でいえばテレビの朝ドラ）の定番の女優さんでもありました。連続テレビドラマの女優さんですから，ショー（テレビ放映用のビデオ撮り）は休めません。一度はスタジオまで連れていってくれて，撮影現場の横から，ディレクターとのやりとりなども見せてくれました。

連続テレビドラマの女優さんなので，本当は忙しいはずなのに，友達を呼んでホームパーティを開いたり，ブロードウェーのショーを見に行ったり，カーネギーホールでのバレーの上演を見にいったりで，ほとんど毎日付き合ってくれました。

ある晩のこと，ソファーでくつろぎながら雑談していて，ふと，「毎日新しい台詞を覚えなくちゃいけないから大変だね。どうやって，全部間違えずに覚

えるの？」と聞いてみました．すると，「すぐ覚えられるわよ．脚本が論理的（logical）に書いてあればね．」

　日本語で論理というと，情緒を排除した理科系の論文や理学に特有のもので，難しそうな顔つきをしないと出てこないような論理が頭に浮かびます．ところが，連続テレビドラマの「脚本が論理的……」．この一言で，論理はすぐ身近（そば）に自然にあるもので，ドラマの台詞のように感情が混じる世界でも，プロの世界では基本となるのだと目を開かされたのでした．

(記：井合　進)

演習問題

〔**6.1**〕　英語で書かれた英作文の教科書（English composition, Writer's guide, How to write などの類）を読んで，パラグラフの構成について，さらに進んだ学習をしましょう．

〔**6.2**〕　日本語の作文技術の本（例えば，木下是雄『理科系の作文技術』）を読んで，きちんとした日本語の報告書や論文が書けるようになるには，なにが必要なのか，一度しっかり勉強しておきましょう．この基本が身についてくると，それに比例して，文章としての英作文の流れ（論理展開）が良くなっていきます．

〔**6.3**〕　4章のコラムで引用した一文（和文）（西洋でいえば，印象派の絵画を思わせるような情緒を感じさせる一文）のパラグラフの構成を分析してみましょう．パラグラフの論理展開がここまで緻密に構成されていると，読者にパラグラフの構成テクニックをまったく感じさせないほど自然な流れが出てきます．

7章 英語ならではの表現

◆ 本章のテーマ

　本章では，日本人には通じない（ことが多い）表現を学習します。この表現は，英語圏の人には自明で，しかもその使い分けにより，意味が完全に変わったりします。その表現とは，冠詞と数の使い分けです。前章までの学習で，英語を流れにのって使う際の余裕が出てきているはずなので，その余裕を使って，冠詞と数の意識に見られる英語の心を学ぶとよいでしょう。

◆ 本章の構成

7.1　a（an）
7.2　可算と不可算
7.3　the
7.4　数の意識

◆ 本章を学ぶと以下の内容をマスターできます

☞　冠詞と数の使い分けに見られる英語の心
☞　英語によるコミュニケーションの精度（しっくりさ加減）の向上

7.1　a (an)

　英語の授業では,「不定冠詞のaは名詞に付ける」と教わることが多いでしょう。例えば,庭に鶏（にわとり）が一羽いる場合,鶏（chicken）に一羽（a）をつけて,「一羽の鶏」(a chicken) とするわけです。白い鶏が一羽であれば,a white chicken となります。日本語では「一羽の」という冠詞が,white（白い）という形容詞と同じように,名詞を形容します。

　このように,冠詞はいわば飾りの役割にしかすぎないので,省略してしまっても,日本語では問題ありません。日本語では「鶏がいる」ということが基本で,一羽なのか二羽以上いるのか,また白か黒かということは,細部のカテゴリーの問題となるのです。

　英語圏の人の理解では「不定冠詞のaに名詞を付ける」感じで,日本語とは逆の論理思考をとります。最も重要な意味は,a（一つの形の決まったもの）であって,それをさらに具体化する役割でchicken を付けるという順序で理解するのです。

　「一つの形の決まったもの」というカテゴリーが最も重要であって,さらに細分類のカテゴリーに属するものが名詞（上の場合ではchicken）として,冠詞に付けられるといってもよいでしょう。このように,英語では数（単数か複数か,数えられるのか数えられないのか）に対する徹底的なこだわりがあり,この点が英語の（文化の）香りといってもよいでしょう。

　ちなみに,日本語では細部のカテゴリーとして認識される不定冠詞のaを省略してchicken とすると,もはや「鶏」ではなく,「鶏肉」の意味に変わってしまいます。このように,冠詞は名詞と同等以上の重要さを持ちます（**図7.1**）。

　したがって,日本人が英語で書こうとする際には,「a＋名詞」が冠詞も含め丸ごと一つの単語だとみなし,この単語と「(aが付かない) 名詞」とは,まったく異なる単語だと見なすようにして,一つひとつの単語を覚えなおすようにしていくとよいでしょう。このようなちょっとした工夫により,英語圏の人の思考の流れにしっくりするような,英語ならではの表現に近づいていけます。

図7.1 Chicken

7.2 可算と不可算

　英語では，一羽の鶏（a chicken）と鶏肉（chicken）のように，同じ名詞が可算（数えられるもの），不可算（数えられないもの）のどちらにもなるものが多く，しかもどちらになるかで，その名詞の意味も変わってきます。さらに，同じ可算名詞であっても，単数形と複数形では意味がまったく異なるものや，単数形ないし複数形の片方しかないものもあります。

　日本人には，同じ名詞なのにややこしいものだと感じられるかもしれません。しかし，それが英語なのです。同じ名詞でも，可算，不可算，単数，複数で意味が違うのであれば，それぞれ別々の単語だと割り切って，一つひとつ覚えなおしていくのが，英語の心に近づく早道のようです。

　以下に，土木・環境系の単語で，具体例を見てみましょう。

【具体例その1：damage】

　地震による被害などを表す際に使われる damage（被害）は，普通は不可算名詞で，damage to ～（～の被害／～に対する被害）の形で使われます。可算

名詞として damages（ただし複数形）もよく使われますが，その意味は被害ではなく，法律用語の「損害賠償金」です（図 7.2）。

日本人の感覚だと，多数の箇所で被害が発生したという感覚で，many damages occurred などと書きたくなりますが，damages を誤用している点と damage occurred の言い方はしない点の二点で，意味不明な英語となります。〜 caused extensive damage to 〜が正解です。

図 7.2　Damage

【具体例その 2：depth】

depth（深さ）は日本語の感覚だと不可算なのですが，英語では可算と不可算の両者があります。例えば，「深さ 5 m」などのように特定の深さを表す場合には，at a depth of 5 m のように単数形となります。また，例えば the depths of despair（絶望のどん底）のように複数形になると「最も深いところ」ないし「最悪の部分」の意味に変わったりします。

【具体例その 3：wood】

一方で wood（木）は，日本語の感覚だと可算なのですが，可算と不可算の両者があります。単数形の a wood は一本の木で，日本語の木のイメージに近いのですが，日本語では複数単数を区別せずに「木」で意味が通じます。複数

形の woods は，木が複数あるので「林」を意味します。不可算の wood は木材の意味となります。

【具体例その 4：sand / clay】

sand, clay などの材料は，不可算名詞として用いるのが一般的です。砂粒の集まりなので複数形を使って sands とするのは誤りで，このような感覚は英語圏の人にはありません（図 7.3）。ちなみに，具体例その 3 の「林」は woods という複数形とするのに，「砂」は不可算とするのは，日本人の感覚では理屈に合わないのですが，日本語ではないので英語は英語と割り切りましょう。

複数の種類の「砂/粘土」を意味する場合には，「various types of sand/clay」のようにするのが無難ですが，実際には「sands/clays」という複数形を使うことも多いようです。

図 7.3　Sand

【具体例その 5：furniture などの不可算名詞】

furniture（家具），equipment（装置），information（情報），advice（助言）など，日本語のイメージだと可算のみのはずの名詞が，英語では不可算のみ（純粋不可算名詞）であることもあります。このような場合には，翻訳により意味が通じているようでいて，その単語により日本人が描くイメージは，英語

圏の人が描くイメージとは異なっているのでしょう。

　このようなイメージが異なる不可算名詞の多くは，動詞として用いる単語が名詞化されてできあがった名詞です。上の例では，furnish（家具を備えつける），equip（装備する），inform（知らせる），advise（助言する）などの動詞の名詞形となります。

　動詞が意味する内容（動作）が数えられない場合で，それを名詞化したものも，そのまま数えられないものとしてのイメージを引きついでいる場合には不可算名詞になるということのようです。

【具体例その6：不可算名詞を可算名詞化するテクニック】

　日本人にとっては多少の救いになるテクニックとして，不可算のもの（連続していて数えられないもの）であっても，そのうちの個々の数えられるもの（日本人の抱くイメージのもの）を表す簡単な変換テクニックもあります。例えば，furniture を a piece of furniture のように変換すると，数えられるものになります。

7.3　the

　英語の授業では，「定冠詞の the も名詞に付ける」と教わったかと思います。例えば，それまでの文脈により a chicken（一羽の鶏）が限定され，それに続く文で，「あの鶏」，「その鶏」，「例の鶏」のように，「あの」，「その」，「例の」を the として chicken につけて，the chicken とするわけです。

　この場合，「あの」，「その」，「例の」という冠詞が，形容詞と同じように，名詞を形容します。このように，冠詞はいわば飾りの役割にしかすぎないので，日本語では省略してしまっても，問題ありません。日本人にとっては，「鶏」ということがわかれば，「あの」，「その」，「例の」であるか，そうでないかは，細部の問題であって，どちらでもよい場合が多いといえます。

　英語圏の人の理解では，「定冠詞の the に名詞を付ける」といった感じで，

日本語とは逆の論理思考をとります。最も重要な意味カテゴリーは，the（特定の限定された「例の」もの）であって，それをさらに具体化する役割でchicken を付けるという順序で理解します。これは，7.1 節で説明した不定冠詞（a（an））の論理思考と同様の論理思考です。

　この点は重要なポイントなので，繰り返し説明すると，「特定の限定されたもの」というカテゴリーが最も重要であって，さらに細分類のカテゴリーに属するものが名詞（上の場合では chicken）として冠詞に付けられるといってもよいでしょう。このように，英語では限定されたものなのか，数ある一般的なもの（の一つ）なのかの相違についても，徹底的なこだわりがあります。

　この点が英語の（文化の）香りといってもよいでしょう。この点は，数に対するこだわりと同じ状況にあります。

　「the + 名詞」の意味カテゴリーは，「あの」，「その」，「例の」，「前述の」と訳してもよいほど強く限定されたカテゴリーなので，かりに the を that（あの）に置き換えても違和感がないようなら，不必要な箇所に the を使っていないことが確認できたといえるでしょう。

　特定の限定された例のものというカテゴリーには，the + 名詞（A）of 名詞（B）や the + 名詞（A）+ that ～（名詞（A）を具体的に説明する内容），の形式も含まれます。これも文脈によりますが，名詞（A）に続く of 名詞（B）やthat ～によって，名詞（A）が限定された特定のもののカテゴリーとして意識される場合がこれに相当します。

　一例として，1.1 節で用いた以下の例文（の一部）を見てみましょう。

〔**例文 7.1**〕
Many striking photographic images have come to define ① aspects of ② the twentieth century, some, of course, quite horrible. One that has rightly achieved iconic status is ③ the view of ④ the earth first obtained from within ⑤ the lunar orbit during the Apollo programme of the 1960s. Ever since the time of Galileo people have gazed at ⑥ the planets through telescopes and wondered about

conditions there and ⑦ the possibility of life existing in these distant worlds. But compared with the view of the earth from near space these planets look quite uninteresting. ⑧ The great surprise was ⑨ the realization that our planet is very beautiful and yet seems to be so delicate.

　例文 7.1 で，どのような意識で定冠詞が使われているかについて，おもなものについて番号を振って説明しましょう．
　① 後ろに of the twentieth century が続くが，20 世紀の不特定多数の相を意味するので，定冠詞をつけない例
　② 20 番目という特定のもの
　③ 後ろに続く of the earth で限定される特定のもの
　④ 地球はオンリーワン
　⑤ 後ろに続く during the Apollo program で限定される特定のもの
　⑥ ここでは太陽系惑星という特定のもの
　⑦ 後ろに続く of life existing ～で限定される特定のもの
　⑧ 最大級の The の使用法に近い意識で限定される特定のもの
　⑨ 後ろに続く that ～で限定される特定のもの
　名詞（A）of 名詞（B）の形式で名詞（A）がある程度限定されていても，a song of lost love（失恋の歌），a staff of 5 women（五人の女性の職場）のように，多数ある失恋の歌の一つ，五人で構成される職場の一つという意味で使う場合には，the という定冠詞ではなく，a という不定冠詞を使います．上の例でも，①がこれに相当します．
　このように，定冠詞を使うレベルにまで限定されたカテゴリーに属する内容か否かは文脈によります．「名詞（A）of 名詞（B）の形式なら名詞（A）に the を付ける」というような機械的な方法は適用できません．
　ちなみに，日本人の英語では，意味カテゴリーが「あの」，「その」，「例の」，「前述の」のレベルにまで限定されていないにもかかわらず，なんとなく the を付けるという誤りが比較的多いとのことです．映画や小説のタイトルで，例

7.3 the

えば The Silence of the Lambs のような使用例を見かけて，なんとなく「The を付けるとインパクトがありそうだ」という感覚でしょうか．

英語圏の人が，このようになんとなく付けた誤った the に遭遇すると，その段階で「その，とか，例の，とかいってるけど，それって一体なんなの？」とイライラしてくる，ないしは意味がわからず途方に暮れるとのことです．

日本人の場合，ここは the でよいだろうかなどと考えながら書こうとすると，そこで固まってしまい，それ以降の文章が書けなくなることが多いかと思われます．そのような場合には，初めに書く際には頭をからっぽにして，書いていく内容に集中し，論理の流れを大切にするようにして，一気に書いてしまうとよいでしょう．

しばらく放置しておいた後，その後の読み直し（添削）の段階で，自分の書いた英文をあたかも他人が書いた英文であるかのように批判的に眺めながら修正していきます．その際に，冠詞や数の意味カテゴリーがきちんとしているかチェックしてみましょう．

また，英語圏の人が書いた英文を読む際も，ときどきは普段のように内容を追っていく読み方を変えて，その文に出てくる冠詞や数の意味カテゴリーに集中して読むとよいでしょう．

(1) the が出てきたら「the とわざわざいっているのだからあれのことだな」
(2) a が出てきたら「一つの形あるもの」
(3) 複数形が出てきたら「形あるものが複数なのか，それとも形はないが種類が複数なのか」
(4) 不可算名詞が出てきたら「数えられない形のないものやアクションのイメージ」
(5) his とか her が出てきたら「彼（彼女）には一個しかない」

という具合に，イメージを膨らませながら読んでいきます．

慣れないうちは，肝心の内容がフォローしづらくなるかもしれません．構わず読み続けましょう．必ず頭から読んでいきながら，冠詞や数の意味カテゴリーを押さえていくのがポイントです．

確認のために後ろからも読んだりしたくなるかもしれませんが，後ろから戻るのは我慢して，その先を読み進めていきます。このような練習を続けていくと，少しずつ英語圏の人の冠詞や数の意味カテゴリーへのこだわりが身近に感じられる瞬間が増えていくでしょう。

7.4　数　の　意　識

〔例文 7.2〕

① My secretary will write you more details.

② A secretary of mine will write you more details.

例文 7.2 を和訳すると，いずれも，「詳細については，私の秘書より，連絡します。」のように，ほぼ同じ内容となります。したがって，どちらの英文でもよいように感じる日本人が多いでしょう。

実際，どちらの英文も英文としては正しいのです。しかし，数の意識が最も重要な意味カテゴリーとなる英語圏の人には，例分 7.2 の二つの文では，非常に重要な点が異なることが，真っ先にわかります。

まず，① の My でわかるのは，私が秘書さんに来てもらっている身分で，secretary という単数形により，詳細について連絡をする秘書さんは一人だということがわかります。しかし，英語にとってさらに重要な意味が，My secretary に含まれています。それは，私の秘書さんはたった一人しかいないということです。My secretary は，My one and only secretary と同じ意味となります。

これに対して，② では A secretary of mine と言っているので，私の秘書は二人以上いることがわかるのです。

友達を紹介する際に，「私の友達」を英語では A friend of mine というと授業で教わったでしょう。普通は，「私」には複数の友達がいる場合が多く，そのうちの一人を指して「私の友達」という意味なので，この表現となります。

7.4 数 の 意 識

しかし,もし「私の友達」を英語で My friend といったら,私には友達がたった一人しかいないことになります。それが事実なら,もちろん My friend の表現で完璧です。ただし,A friend of mine より語数が少なくて簡単だからという程度の軽い気持ちで My friend と言うと,とんでもない誤解につながっていくかもしれません。

ブルントラント委員会は,「持続可能な発展(Sustainable Development)」の定義をつぎのように与えています(1987)。

〔例文 7.3〕

"Development that meets the needs of the present without compromising the ability of future generations to meet their own needs."

和訳では,「将来世代のニーズを損なうことなく現在の世代のニーズを満たす発展」となり,日本語では「将来世代」を「次世代」に変えても,意味は変わりません。しかし,英語の future generations は,「将来の複数の世代」のことを意味しているので,日本語なら「次世代,さらにその先の世代,さらにそのまた先の限りなく続いていく将来の世代」のような意味になるでしょう。

数の意識が鋭い(こだわりがある)英語圏の人たちは,日本語で表現すればこのようなくどい表現になるような内容を,generation に s を付けて複数形にするだけで,さりげなく表現してしまうのです。

〔例文 7.4〕

Her marriages were very happy.

和訳では「彼女はとても幸せな結婚生活を送った。」ということになります。日本語では「現在」,「過去」のような時間のセンスも,相対的な場合(相に基づく)が多い(8章参照)ので,例文 7.4 の和訳を日本語で「彼女は幸せな家庭生活を営んでいる」に変えても,言っている内容のポイントは似たようなも

のだと思う人が多いでしょう。

　英語圏の人からみると，例文7.4に潜んでいる重要なポイントは二つあります。まず，marriagesと複数形になっているので，彼女は少なくとも一回は離婚しているということがわかります。また，過去形になっているので，彼女は現在は結婚していない（最後のご主人に先立たれたか，ないしはこのご主人ともさらに離婚したか）ということがわかるのです。

　数への徹底したこだわりの文化では，こんなに重要な情報をさりげなく伝えることができるのです。日本語にはない感覚なので，日本人には難しい面がありますが，英語は英語と割り切って，丸ごと自分のものにしていくようにすると，少しずつ英語の心の楽しさに近づいていけるでしょう。その結果，国際人としてのコミュニケーションの精度（しっくりさ）も向上していきます。

コラム

Attention, please

　小さな子供の頃，父が初めて海外出張にでかけることになりました。父はたいそう張り切って，英語教材のテープを大量に買い込んできて，英会話の猛練習をはじめました。その出だしを今でも覚えていますが，飛行場でのアナウンスの場面からはじまり，女性の声で"Attention, please."ではじまるのです。

　しばらくすると，仕事で忙しい父のことですから，練習が途絶える期間が出てきます。さて，しばらくたって，また練習再開。すると，また教材の初めから勉強しなおすのです。ところが，また練習が途中で途絶えてしまいます。また練習再開で"Attention, please."母がくすくすと笑って，「また"Attention, please"ね。」などと言っておりました。

　父は結局のところ，"Attention, please."を完全にマスターしたと思いますが，膨大な教材のほとんどは練習できずに，海外出張へと旅立ったのでした。

　"Attention, please."ワールドのように，全体像がつかめないままに，初めから順を追っていくのは，途中で挫折する（ないし，道に迷う）危険性が高いといえます。この教科書も，途中を飛ばしてでもよいので，途中で挫けずに，その全体像を自分なりにしっかりとものにしていきましょう。

（記：井合　進）

演習問題

〔**7.1**〕 好きなジャンルの洋書を，冠詞に集中して読んでいきましょう。また，折にふれ，日本語的な読み方から，数にこだわりがある英語圏の人の感覚の読み方に近づけた自分がどこかにいなかったか，チェックして，しだいにその感覚を自分のものにしていくようにしてみましょう。

8章 英語で書く

◆ 本章のテーマ

　本章では，理科系の論文や報告書に用いる文を念頭において，口語調の文との相違や現在形と過去形の使い方のポイントを復習しましょう。日本語では，口語調のやわらかい文体と論文調の固い文体が，同じ文章内で現れると，ちぐはぐ感がでます。英語でも，同じです。また，過去形，現在形の使い方は，日本人の感覚と英語圏の人の感覚で異なる点があるので，それを本章で学習します。

◆ 本章の構成

8.1　文の固さ
8.2　時の流れ
8.3　アブストラクトでの時制

◆ 本章を学ぶと以下の内容をマスターできます

☞　文の固さの整合性
☞　現在・過去の整合性

8.1 文 の 固 さ

〔例文 8.1〕

In British society, it is customary that a dinner invitation will be given in the form, '7:30 for 8pm' or '8 for 8:30'. This is supposed to mean that dinner will be served at the second time, <u>and so</u> you should arrive between the first and second times in order to meet people, have a drink and so on.

【和訳】

英国社会では，ディナーのご招待は，7:30 for 8pm や 8 for 8:30 などの形式で届くんだよ。これの意味は，2 番目の時刻にディナーが出されるということ。<u>なので</u>，1 番目と 2 番目の時刻の間に到着するのがいいね。人と会ったり，飲んだりなどをするにはね。

例文 8.1 は，やわらかい口語体に近い文体の e-mail での文です。このような口語体ないしそれに近い文では，和訳で下線を付けた

「なので」

という意味の接続詞として，例文 8.1 で下線を付けたように

and so

を使うことが多いです。日本語でいえば，「で」のような軽い感じの表現です。日本語の論文であれば，「で」に代えて

「よって」

を使うのと同様に，英語の論文では，so に代えて

because / since

を使うのが無難です。この例では，つぎのようになります。

〔例文 8.2〕

<u>Because</u> this is supposed to mean that dinner will be served at the second time,

you should arrive between the first and second times in order to meet people, have a drink and so on.

　また，文脈から（内容的に）見て，「よって」に代えると大げさすぎて不自然な場合には単に，

　　　and

でつないでおくのでもよいでしょう。この場合，つぎのようになります。

〔**例文 8.3**〕
This is supposed to mean that dinner will be served at the second time, and you should arrive between the first and second times in order to meet people, have a drink and so on.

　as も because や since と同じ意味で使われることがありますが，as は while の意味でも用いられるので，文脈によっては意味不明となります。because の意味の for は文学や恋文での表現に限られ，論文では用いません。as や for のほうが，because や since よりも文字数が少なくて発音も単純なので，使いたくなるかもしれませんが，論文や発表などでは使わないのが無難です。
　学術論文に相応しい接続詞には，このほか，

　　　thereby / thus / hence

などがあります。参考書，辞書，論文などで用例を確認しながら，うまく使うようにすると，きりりと引き締まった文となり，これにより論文らしさも引き立ってきます。
　so のような接続詞に加え，

　　　I'm / I'll / What's

などの省略形も，軟らかい口語体の e-mail での文や，小説での台詞文によく使われます。このような省略形は，論文で用いないのは当然のこととして，e-mail での文でも，例えば I wonder if you could のような改まった丁寧表現の

文に混ぜて，同じ流れの文章に使うと，かわいい感じの滑稽さが出てきてしまいます。

日本語でいえば，「恐縮ではございますが，〜をお願いできれば幸いです。」のような固い文に続けて，「ところでさ〜」といきなり口語体が飛び出し，最後にはまた固い文に戻ったりするようなちぐはぐ感といってもよいでしょう。

ある程度固い文ではじめたら，これに合わせて，

  I am / I will / What is

のようにきちんと書きます。

日本人でも，文体の固さ（やわらかさ）の感覚は容易につかめるので，文体の固さ加減については，ちょっと気をつけるだけでマスターできます。これにより，英語として自然な流れの文体で，文章全体を統一することができるようになるでしょう。

8.2　時　の　流　れ

英語圏の人の冠詞と数に対する感覚（こだわり）が，日本人の感覚とはかなり異なっているのに比べると，時間に対する感覚なら，日本人にもこだわりはあるし，「時の流れ」などの表現ができる日本人のほうがもしかして鋭いのではないかと思う人も多いのではないでしょうか。

少なくとも，過去，現在，未来などは，日本人でも明確に意識します。ところが，いざ英文を書いてみると，間違いだらけの時制の表現になってしまうことが多いのです。なぜでしょうか。

まず，以下の和文を見てみましょう。

① 　私は，米国に行く前に，英語を勉強した。
② 　彼は，米国に行った後で，英語力のなさを痛感するだろう。

①では「米国に行った」のは過去のことであるにもかかわらず，「米国に行った前に」とはいわずに「米国に行く前に」といっています。逆に②では，「米国に行く」のは未来のことであるにもかかわらず，「米国に行く後で」とは

いわずに「米国に行った後で」といっています。

このように，日本人の頭の中では，無意識に，時間の相対的な前後関係（「相」）のほうが，絶対的な時間の感覚よりも，重要だと認識していることがわかります（**図 8.1**）。

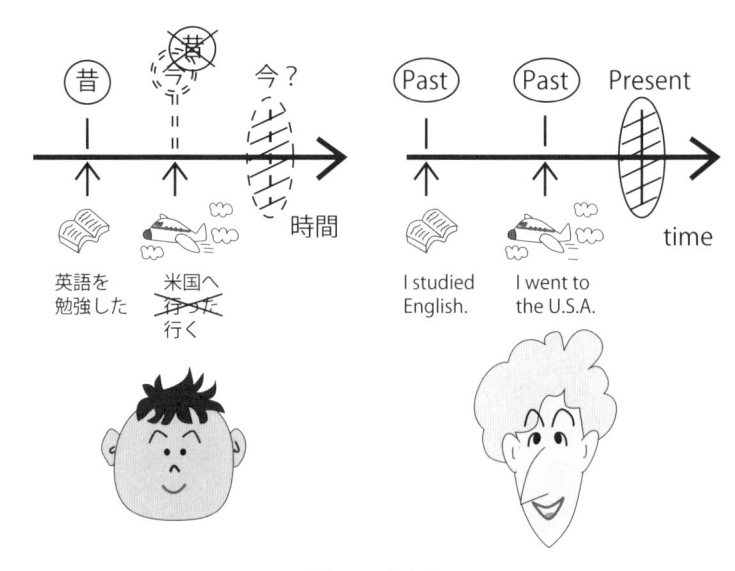

図 8.1 今と昔

英語での時間の感覚は，絶対的な時間に対する感覚です。上の例は，それぞれ，以下のようになります。

① Before I went to U.S., I studied English.

② After he goes to U.S., he will regret the lack of English ability.

「絶対的な時間」という物々しい言い方になってしまっていますが，内容は単純で，要するに「今」は現在です。これを基点として，これより前のことは過去，これより後のことは未来とするのです。

「今」はあくまでも「今」であって，日本人の感覚のように，二つの事柄の前後関係で，「今」が未来になったり，過去になったり変化することはありません。上の例文でも，過去に起きたものはすべて過去形で，また，現在起きているものは現在形，未来に起きるものは未来形となります。

8.2 時 の 流 れ

　英語の授業で「時制の一致」というタイトルで，このような英語の時制表現を練習させられた学生も多いでしょう．それと同時に，「時制の一致」には例外もあると教わり，訳がわからなくなって，なんとなくうやむやになって今に至っているかもしれません．

　「時制の一致」という便利（だが例外が多すぎて不便かもしれないよう）な規則はひとまず置いておき，「日本人特有の相を重視する時間の感覚ではなく，英語では，絶対的な時間の感覚で，時制を表現する」と考え直してみるとよいでしょう．

　そうすれば，時制の一致の例外として挙げられる典型例の「現在でも事実である内容は，現在形のままで表す」なども，例外ではなく，むしろ標準的な例の一つとして，理解できるようになります．

〔例文 8.4〕

The building was constructed in 1950. The height of the building is 100 m.

　例文 8.4 では，建物が建設されたのは過去だが，その高さは現在でも同じなので，現在形の is を使います．

　同じような理由で，実験や解析などの結果を書く場合も，すでに実験や解析は終了していて過去に得られた結果ではあっても，現在も正しい事実と認識して書き進める文脈の場合には，現在形で書きます．

　ただし，これも文脈によるので，機械的な適用は禁物です．例えば，過去に行われた調査の結果で，現在も正しい結果だと承知していても，あくまでも過去の調査の結果という位置づけで認識して表現する文脈であれば，過去形となるはずです．

　実際の文章について，現在形と過去形に注意して読んでみましょう．

〔例文 8.5〕

Many striking photographic images ① have come to define aspects of the twentieth century, some, of course, quite horrible. One that ② has rightly achieved iconic status is the view of the earth first obtained from within the lunar orbit during the Apollo programme of the 1960s. Ever since the time of Galileo people ③ have gazed at the planets through telescopes and ④ wondered about conditions there and the possibility of life existing in these distant worlds. But compared with the view of the earth from near space these planets ⑤ look quite uninteresting. The great surprise ⑥ was the realization that our planet ⑦ is very beautiful and yet ⑧ seems to be so delicate.

【意訳】

20世紀を特徴づける衝撃的な映像は多い。恐怖の映像ももちろんある。その中でも，ステータスシンボルといえるのが，月面探査機アポロ号から撮った世界初の地球の映像だ。ガリレオの時代から人類は望遠鏡で宇宙に浮かぶ惑星を捉え，生命の存在の可能性などにも想いをはせてきた。しかし，宇宙空間から撮った地球の映像に比べれば，宇宙に浮かぶ惑星の映像は，取るに足らないように見える。特に衝撃だったのが，我が惑星（地球）はとても美しく，ただ，あまりにも繊細に見える，ということだった。

例文8.5で，番号を振ったものについて，それぞれの時間を，以下に吟味してみます。

①②③　過去から現在まで続いていることを意識しているので，現在完了形です。

④　これは，③のhaveを兼ねて，現在完了形です。

⑤　これらの惑星を眺めてきたのは，③④のとおり現在完了なのですが，これらの惑星が面白くないように見える，という事実は，現在の事実として（著者が）認識しているので，現在形となります。

⑥　ここで，過去に戻ります。過去のある時点で，はっと驚いたという意識

です。過去から現在まで驚き続けている，という認識はありません。

⑦⑧ これらの内容に気づいた時点は過去（⑥の過去形）ですが，地球（われわれの惑星）がとても美しく，あまりにも繊細に見える，ということは，現在の事実として（著者が）認識しているので，現在形となります。

8.3 アブストラクトでの時制

論文には，要旨（abstract）を付けます。アブストラクトでは，本文では過去形で表現した内容でも，現在形を使って表現することが多いです。アブストラクトは，多くの場合「この論文にはなにが書いてあるか」という観点から書くからです。このような観点とは異なり，「この研究ではなにが行われたか」の観点の場合には，過去形でよいのです。いずれにしろ，アブストラクト内で，観点を変えない（視点を変えない）ことがポイントとなります。

「この論文にはなにが書いてあるか」の視点でも，その中でこの論文と関連する過去の研究成果や通説などを批判的に記述する部分では，過去形が使われることが多いです。この場合，アブストラクトでも，現在形と過去形の両者が入ってきますが，それは，観点を変えた結果ではないので問題ありません。

アブストラクトの例を，つぎに示します。

〔例文 8.6〕

Sustainability is a vague all-encompassing concept that increasingly influences industrial and social actions and is a controlling element in many major engineering projects. This chapter focuses on the mitigation of threats to sustainability by earthquakes. There are two components to mitigation; providing structures by appropriate resistance to earthquake shaking and minimization of deaths and suffering by cost effective emergency response. Both aspects of mitigation will be illustrated by recent innovative engineering developments in the context of major projects; retrofit of 800 schools within a

15 year period, and the development and application of a real time post-earthquake decision model for dealing within national emergencies. This model is currently being employed to evaluate various threats from a natural disaster to a terrorist act during the 2010 Olympic Winter Games in Vancouver.

　　── W.D. Liam Finn : Mitigating seismic threats to sustainability（2011）より

【意訳】
　持続可能性は，曖昧ですべてを包含するような概念であるが，産業や社会活動にもしだいに影響を与えはじめている。その中で，本章では，地震と持続可能性の問題に焦点を当てる。地震による被害軽減には，構造物の耐震化による方法と緊急対応による方法の二つがある。これらの両者について，15年間に800校の学校の耐震化を達成するという大プロジェクトに則して論じる。国家的危機に際してのリアルタイム緊急対応モデルについても言及する。このモデルは，自然災害のみならず，2010年の冬季バンクーバー・オリンピックへのテロ対策にまで生かされている。

　例文8.6では，基本的には，現在形で文章全体を統一しています。一か所，二重下線をつけた箇所で未来形を使っていますが，この部分はこれから本文に書きますよ，というスタンスで，ほかの部分と時制を変えています。このように，このアブストラクトでは，時制の感覚に多少しゆらぎがあるようです。
　自分が書こうとする分野の類似の論文のアブストラクトを読んで，どのような時制を使っているか，あらかじめ勉強しておきましょう。

コラム

すれ違う時の中で
　二次元は平面，三次元はわれわれがふつうに感じている空間です。これに時間の次元を加えて，四次元の世界ということもあります。
　地動説を発見したガリレオ・ガリレイは，新幹線の中で人が走れば，それだけ速いと考えました（ガリレイ変換）。いまでも当たり前の世界観ですが，この世界観では時間の流れは不変で，新幹線の中でも外でも，どこでも同じで

す。
　ところが，アインシュタインはこれをひとひねりして，駅のホームでのんびりと列車を待っている人から見ると，新幹線の中では新幹線が速ければ速いほど，時間の流れは遅く，長さは長く，質量は重くなる（特に，光の速度に近づくにつれて爆発的に遅く，長く，重くなる）ことを発見しました（その数式はローレンツ（人名）が一足先に編み出したので，ローレンツ変換といいます）。
　この四次元の世界では，時間は空間の移動のスピードに応じて変化してしまい，もはや不変ではありません。しかも，新幹線に乗ってのんびりとコーヒーを飲んでいる人から見ると，ホームで待っている人のほうが高速で遠ざかっていくので，逆にホームの上の方が時間の流れが遅く，長さは長く，質量は重くなるように見えます。
　このように，どっちもどっちなので，相対性理論と呼ばれます。
　　　　すれ違う時の中で……
などと歌詞に使われるようになったのも，このあたりから？
　ただ，いつまでも若い姿が見られる（時間の流れが遅い）のは，新幹線が走り続けている間だけで，ホームに止まってしまえば，元の時間の流れなってしまいます。シンデレラに若い姿で居続けてもらうには，誰かが走り続けなければ……。
　　　　　　　　　　　　　　　　　　　　　　　（記：井合　進）

演 習 問 題

[8.1] 好きなジャンルの映画（英語で吹き替えなし）を見て，その中のフォーマルな場面での台詞，逆にくだけた場面での台詞を，一つずつピックアップして，書いてみましょう。

[8.2] 好きなジャンルの英語の本を，現在形，過去形などの使い方に集中して，読んでいきましょう。また，適当な教科書や本（マーク・ピーターセン『日本人の英語』など）を読んで，英語圏の人の「時」に関する感覚を，さらに学んでいきましょう。

9章 言葉の先にあるもの

◆ 本章のテーマ

　本章では，少し肩の力を抜いて，英語のプレゼンの途中で固まってしまったときのお助け術，ディナーにまつわる話や英語での冗談など，言葉の先にある知識を学びます。学術的な研究内容や仕事トークの昼の部が基本ですが，夜のディナーでも，隣に座ってくれる素敵な異性のパートナーと洒落た会話がはずむような幅広いコミュニケーションを図りたいものです。

◆ 本章の構成

9.1　固まった際のお助け言葉
9.2　手を上げる
9.3　ディナーへのご招待
9.4　英語での冗談
9.5　会議のセット

◆ 本章を学ぶと以下の内容をマスターできます

☞　国際会議の場などでのパフォーマンスの幅
☞　国際人としてのコミュニケーションの幅

9.1 固まった際のお助け言葉

　国際会議でのプレゼン presentation（口頭発表）などで，舞台に上がって照明を浴びながら，頭に浮かんだとおりの内容をその順番で話していくと，時に英語として続かなくなって，立ち往生することがあります。その際には，例えば，

　　　Let me put it in this way.

というお助け言葉を挟んで，初めから言い直すという方法があります。

　言い直すのに，もう少し時間を稼ぎたいときには，

　　　I am sorry that my English is not as good as I would like it to be.

などと，自分の拙い英語でご迷惑をおかけしますというお詫びの言葉を，このように，固まってしまった際に使う方法もあります。昔はプレゼンの冒頭で，自分の英語が下手であることを言い訳する人がいましたが，それよりも，プレゼンの途中で固まってしまったときに，お詫びしたほうが，流れが自然でしょう。

　固まらないようにする準備ももちろん大切です。お助けテクニックの一つは，自分のプレゼンの順番が近づいてきたら，その前あたりから積極的に手を上げて質問をしたり，議論をしたりして，口や頭を英語モードに徐々に盛り上げていく方法があります。こうすると，舞台の上に上がっても，スムーズにプレゼンに入れるようになります。

　会場の席に座って聞いている側からすると，プレゼンよりも質疑・応答やその際の議論のほうが，アドリブ的な面白さがあります。慣れないうちは，質疑・応答が難しく感じられるかもしれませんが，数をこなしていくにつれて，しだいに英国圏の人と同じような流れで，自然に議論に参加できるようになっていきます。

　プレゼンに関しては，以下のようなアドバイスもあります。平易な英語で書かれているので，英語のまま読んで理解しましょう。

[例文 9.1]

Even native English speakers find making presentations very difficult. English speakers usually speak even faster than normal, which compounds the problem for the audience. You should be bold, put your hand up or call out. Ask the speaker to slow down. They will not be offended.

If you are presenting, then it is helpful to have a plan for what to do if you lose your place. The first tip is to keep it simple. It is much better to give a short presentation that makes one or two points clearly than to try and explain everything in the time you have. Use very simple slides with as little text as possible. Speak very slowly. Help the audience by saying what you are going to say, "I want to make just three points today", and then counting your way through the points. Do not read the bullet points on the slide. Instead print the bullet points as notes for you to speak from. Do not skip over slides ; remove them from the slide show before the presentation!

If you do lose your place during the presentation, then stop. Look at your notes. Turn to the audience and say something like, "Let me remind myself what I was just saying". Or say something funny, like, "For my own benefit, I'm just going to say that again".

Above all, plan your presentation to finish early, even if you are only given 5 minutes!

9.2　手を上げる

慣れないうちは，国際会議などの場で，質問や議論のために，手を上げるのは，なかなか難しいです。なにを質問しようか，頭の中で大急ぎでおさらいし，やっとなんとか言えるまでに内容が固まってきて，そこで手を上げても，大抵は時間切れになってしまうことが多いです（図 9.1）。

日本人の場合には，さらに言葉とは別のハンディキャップもあります。土

9.2 手を上げる

図 9.1 手を上げる

木・環境系の国内での研究発表会などでの質疑応答は，重鎮の先生からの質問やコメントが優先し，それが一通り終わったころを見計らって，若手の研究者が質問するという，妙な伝統やしきたりがあるからです。これを国際会議の場にまで持ち込むことにより，さらに手を上げるタイミングが遅くなります。

では，どのようにしたらよいでしょうか。答えは比較的簡単で，まず，会場のなるべく前の席に座るようにします。さらに，質問がありますか，とチェアマンが言い終わるか，言い終わる前ぐらいのタイミングで，チェアマンの目を見ながら，まっすぐに手を上げるようにします。

この場合，質問事項はプレゼンをしている人がまだ話している最中に，考えながらプレゼンを聞くようにしておきます。

チェアマンのほうは，同時に複数の手が上がった場合には，手が上がっているその状態で，1，2，3とそれぞれの質問者の順序を明確にするようにして，順番に質問するように，促すことが多いです。その第一ラウンドに入れると，質問できる確率が高くなります。

英語圏のチェアマンは，質問を打ち切るタイミングが来たときには，「時間がきたので，これで質問を終了します」というように，突然質問を打ち切るこ

とはしないことが多いです。大抵は,「最後の短い質問を受け付けます。」というような台詞で,「終わりになるよ」と予告しておいてから,終了することが多いです。このテクニックにより,セッションがスムーズに終了します。

　チェアマンになった際のアドバイスとして,以下のようなものもあります。平易な英語で書かれているので,英語のまま読んで理解しましょう。

〔例文 9.2〕
You will sometimes be invited to chair other speakers at a conference. If they are British speakers, then you can be quite tough with them and they won't mind. You must interrupt loudly and clearly if they are speaking too fast and you should give them a firm signal when their time is nearly up. But if a British speaker speaks well and finishes early, then they will be delighted if you congratulate them for doing so!

9.3　ディナーへのご招待

RESTAURANTS

　ディナーへのご招待は,レストランの場合とご自宅の場合とが,あります。まず,初めにレストランの場合のご招待について,説明します。平易な英語で書かれているので,英語のまま読んで,その内容を理解してください。

〔例文 9.3〕
In the UK, British people often propose to take business colleagues out to dinner in restaurants if the opportunity arises. They will be genuinely concerned that you enjoy the evening and so if they ask what sort of restaurant you would like to visit, you should say so, even if it is just fish and chips.

　　London has a huge variety of excellent restaurants, including many Japanese restaurants. Some are very expensive but some are also quite affordable, especially the well known chains. Your hosts may never have eaten Japanese food, so this may be a chance to educate them!

Generally, your host will already have chosen a restaurant, perhaps with some character, such as a 'gastro-pub'. Gastro is derived from the Ancient Greek word for stomach. A gastro-pub is a pub which has restaurant quality food (often very good food).

There is no special protocol in a restaurant. It is a good idea to suggest when you arrive that your party split up and you should ask, 'Where shall we sit?' if your host doesn't seem to have a table plan. Typically, you will choose a starter and a main course first when you are asked what you would like, and then a desert later. You can easily say 'no' to desert. If your host indicates that people are having a starter and a main course, then it is polite to go along with that, even if you don't want it! You could always opt for two starters, if you are not hungry, and ask for one to be served as your main course.

If your host asks what you would like to drink, it is good manners to give a positive answer, whether you want alcohol or 'something non-alcoholic, please'. Saying, 'I don't mind', is unhelpful[†].

You do not have to drink anymore than you want to. Your host will keep offering but will not be offended if you say no. Similarly, it is perfectly acceptable to wave your hand over your glass when the waiter tries to offer you more wine to indicate that you don't want any more, thank you.

Business dinners are almost always over by 9:30 or 10pm. Very formal dinners may go on until 10:30pm. The reason for this is that people often have to catch trains home.

---

† What the British mean. If the British say that something which someone does is unhelpful, they are being polite. What they mean is that they are mildly annoyed with you, usually in a jokey way.

PRIVATE HOUSES

つぎに，ご自宅へのご招待の場合です。

〔例文 9.4〕

You may be invited to a private house for dinner. It is wise to check whether your host is simply planning that you eat with the family or whether your host is planning that you will have a formal dinner, or even a dinner party (with other guests). In any event, timing is important. In British society, it is customary that a dinner invitation will be given in the form,

'7:30 for 8pm' or '8 for 8:30'.

Traditionally, this means that dinner will be served at the second time, and so you should arrive between the first and second times in order to meet people, have a drink and so on. You may arrive anytime after the first time, of course, but you are not really expected at the first time precisely! The optimum time is to arrive is about ten minutes after the first time given.

For official dinners, because of the catering and so on, people will usually be starting to sit down at the second time and dinner will start to be served soon after, so you really should arrive fairly soon after the first time if you want to meet people before dinner.

For private dinners, however, it is very unlikely that the hosts will serve dinner at the second time precisely, usually because everyone is talking too much and secondly because they weren't ready anyway. It is typical that people may not sit down for another half an hour at least after the second time, especially if someone was late. This does not mean that you can turn up when you want! You should still turn up around ten minutes after the first time.

Alternatively, for less formal events, you may be given just one time, like '7:30pm'. This is effectively the first of the two times in the formal invitation. You may certainly turn up at that time (but not before!), but you will be most popular if you turn up about 10 minutes after. You will be less popular if you turn up more than 15 minutes afterwards and you will definitely be unpopular if you turn up more than 30 minutes after. If you are going to be more than 20-25 minutes late, you should probably call and explain what's happened!

In all cases, if you are at all uncertain, it is a very good solution and it will make you very popular if you ask your hosts exactly what they expect in terms of timing and dress. You can call or email to check what they want people to wear.

If dinner is in a restaurant in the city, dress will usually be business suits. If it is in a less formal restaurant, then a smart open neck shirt would be normal, with or without a blazer or jacket. If it is a formal dinner for an award ceremony or special event, then you will be told 'black tie'. This means that men wear a special 'dinner suit' with a black bow tie. Women wear smart cocktail dresses. This would be exceptional however, and you would certainly have plenty of warning if this was the sort of dinner that you were attending!

If you are invited somewhere to stay or for lunch or dinner it is customary to take a small gift for the hostess. British people will often take each other a small bunch of nice flowers or a small box of good chocolates. People may also take a bottle of good wine or occasionally champagne or simply a jar of homemade jam or marmalade if they are good friends. Quality not quantity is probably the best indicator. It is more polite to take nothing than to take cheap chocolates! As a visitor, it is really not expected that you would bring anything, but of course, any gesture will be well received.

例文9.4の内容も平易な英語で書かれているので、和訳するまでもないかと思います。念のため要点をかいつまんでおくと、以下のとおりです。

英国では、ディナーへのご招待の時間を正式には7:30 for 8pmと書く場合が多く、この場合7:30ピッタリに到着するというよりは、それより10分ほど後ぐらいをねらうとよく、8pmから実際の食事がはじまります（**図9.2**）。

図 9.2　ディナーへのご招待

　もう少しくだけたご招待の場合には，単に 7:30pm と書き，この場合の意味は，上の二つの時間の初めのほうの時間の意味なので，これより 10 分ほど後の到着が具合がよいようです．ただ，20 分以上遅れる場合には，遅れる旨，主催者（招待者）に連絡を入れて，お詫びするのがよいでしょう．

　両方の共通する点として，招待された側が，到着の時刻や服装（ドレスアップ）などをもう少し詳しく知りたいと感じたら，招待者に電話して聞くのがベストです．これは，わりとみんながやっています．

　プレゼントを主催者の奥様あてにもっていく際，お花とかチョコレートとか，ちょっとしたものが考えられます．量より質がポイントでしょう．

GOINT TO THE TOILET

　ディナーの際のトイレに関するアドバイスです．外国でのディナーの際には，ビールは頼まない（トイレが近くなるので）など，それなりに工夫する方法もありそうです．

〔例文 9.5〕

　In British culture, it is bad manners to leave the table during dinner to go to the toilet unless you absolutely must. Of course nobody really minds, but at least you should try not to leave the table until later in the meal, before coffee is served, unless you must. There are lots of ways of asking where to go. On aeroplanes they call it the washroom, in America they call it the restroom. The term WC stands for water closet, which was the original English expression for a toilet. You would never ask for the WC. The word toilet is standard, of course, but you might try and avoid using this word by asking for directions differently. It would be better manners to ask in a private house, 'May I use the bathroom' or (in a restaurant) 'Could you tell me where the Gents/Ladies is, please?' The answer you may get is, 'The loo is upstairs on the left.' The word 'loo' is short for lavatory, which is a word nobody uses, but loo is the polite term (and more polite than toilet). So you could ask for the loo, as an alternative to bathroom.

There are all sorts of expressions people use to avoid suggesting that you might want to use the facilities. They might say, 'If you want to powder your nose, it's upstairs on the left,' or 'Would you like to wash your hands before we sit down?' or 'Would you like to go, err, anywhere, before we go through for dinner?'

TABLE SETTINGS AND USE OF CUTLERY

　昔の日本では，フォークやナイフが並んだフォーマルなテーブルにつく機会が少なかったので，以下のようなアドバイスも貴重なものでした。いまでも，下に書かれたアドバイスのいくつか（例えば，第2段落目の後半）は初めて教わることで，参考になるかもしれません。

〔例文 9.6〕
There will often be many items of cutlery (what the Americans call silverware) at each individual place setting for a formal dinner party : knives on the right, forks on the left, desert spoon and fork at the top (though sometimes also on

the right and left, on the inside). There is a simple rule to guide you here. You always start on the outside and take one pair for each course. Sometimes there is just one small knife or spoon on its own, but in general, if you start on the outside and work inwards, you won't go far wrong!

In British manners, you should always hold the knife so the butt is covered in the palm of your hand. Use the knife and fork together. It is very bad manners to cut your food with your knife and fork and then put the knife down and use your fork alone! When you are finished, close the knife and fork or fork and spoon together so they are in the middle of the plate, facing at 90 degrees to the edge of the table. It doesn't matter with a single knife, fork or spoon. You don't have to eat everything, but try to leave anything you don't want to eat in a tidy pile somewhere near the edge of your plate, otherwise people will think you have become ill and can't focus anymore.

Watch your host and hostess. They will be careful not to finish their plate before you do, so don't wait for them before you close your knife and fork. They are waiting for you!

　英語圏の人の感覚では，レストランなどでのディナーの際にも，レストランの格や雰囲気に合わせて，男女ともドレスアップするのが普通です。ドレスアップすることにより，殿さま，お姫様気分で，楽しく食事ができるという感覚のようです。
　また，英語圏の人の感覚では，ディナーの目的は，おもに楽しいおしゃべりにあるようで，飲んで食べて満腹感を味わうことは，どちらかというと従の役割のようです。
　日本人のサラリーマンだと，食事をするときぐらいは，昼間の堅苦しい背広など脱ぎ捨てて，リラックスして飲み食いしたいという感覚で，着席すると，大抵上着を脱ぎます。英語圏の人の感覚は，ちょうどこれの逆のような感じで，ドレスアップして，気分よく楽しくおしゃべりするということのようです。

PUBS

英国では，どこの街角にもあるパブ。エール（ale）やスタウト（stout）ビールなどは，わが国でも飲む機会が増えてきました。気軽に入れるパブで，飲み物や食事を注文する時など，以下のようなこと（例えば，第3～4段落目）を一通り知っておくと，まごついたりせずに，美味しく楽しい気分でビールが飲めるかもしれません。

〔例文 9.7〕

British pubs are more like a bar than a café or restaurant. Traditionally, only men went 'down the pub' and it was unusual to see women at all. Nowadays of course, everything is different and pubs are very popular amongst locals and tourists alike. Pub culture has changed to respond to the new demand and many have tables outside where you can sit and enjoy the atmosphere in the street or garden. Some pubs are called 'Free Houses'. Sadly this does not mean that the beer is free, but rather that the pub is not owned by one of the major breweries and so it is likely to offer a larger range of beers, including local beers and perhaps beers from local 'micro-breweries', which are increasingly fashionable.

  Traditionally pubs did not serve very good wine[†1], but most good pubs will now offer decent wines by the glass as well as beer and spirits. Similarly, pubs are not known for the quality of their food[†2]. If you order food in a pub it is likely to be rather basic, unless it is a 'gastro-pub', which is a pub with a restaurant attached or where you can see staff serving good food!

  When you enter a pub, you will see people standing at the bar and sitting around. To get served, you must approach the bar and talk to one of the staff,

---

  †1 What the British mean : 'did not serve very good wine' means 'served rather unpleasant wine'.
  †2 What the British mean : 'are not known for the quality of their food' means 'the food is often very poor'.

even if there are menus on the tables. Bar staff are always busy, so it is a good idea to think about what you would like to drink before you talk to them! Usually people will order a drink first and then decide if they want to order some food from the 'bar menu'. If you do decide to order food, you will need to catch the attention of the bar staff again, tell them what you want, pay for it, explain where you are standing or sitting, and then wait for the staff to bring your food over to you.

Usually, the bar staff will expect you to pay for every order each time you talk to them. You pay them after they give you the drinks. There is no need to add a tip. After all, there is no service being offered here! If you are hosting a group, then you can ask to 'open a tab' and the bar staff will probably then ask you for your credit card and they will keep it behind the bar until you are ready to settle up. To attract people to come along, many pubs offer 'pub quiz' nights, or music or sports television. If you are looking for a traditional atmosphere, you might need to ask the locals!

コ ラ ム

black tie

ディナーのご招待で，black tie と書かれていたら，男性は黒の蝶ネクタイにタキシード (dinner jacket)（女性もそれにふさわしいドレス姿）でおいでくださいの意味になります（図 9.3）。

ご招待の文面の最後に，RSVP と書かれていたら，出欠の返事を忘れてはなりません。RSVP は，Répondez s'il vous plaît というフランス語の文の頭文字で，英語では please reply の意味です。

いずれも，かなりフォーマルなディナーの場合に該当します。

black tie に関連するドレスコードの話題は，いざ，その場で参加するとなると，とても参考になります。つぎの英文もその一つです。

9.3 ディナーへのご招待

図 9.3　Black tie

In the UK, black tie dinners are usually preferred for special family occasions, such as New Year parties, wedding dinners or major birthday or anniversary celebrations. A ball is a large, formal evening party with dancing and dinner such as the May Balls in Oxford and Cambridge, the Caledonian Ball in London or charity balls that are held to raise money for good causes. These are almost always black tie. There are certain social events, such as the Glyndebourne Opera or dinners organised by private clubs, where it is customary for men to wear black tie. There are different styles of dinner jacket（double breasted, single breasted）; it doesn't matter which style you choose. However, although some men do wear coloured ties, it is best to stick to a black bow tie. It's not difficult to tie your own bow tie and it does look much smarter. You may also notice that some men wear a sash around their waist, either in black or coloured silk. This is called a cummerbund and is very stylish. The choice of shirt is important. An ordinary office white shirt will do but you will also see that some men wear a stiff fronted 'dress shirt' with studs instead of buttons. Again, this is traditional and is very smart. Finally, real gentlemen will wear high quality black polished or patent leather shoes, so you should also look out for that.

9.4　英語での冗談

〔例文 9.8：**A prisoner**〕

① It's so unfair! I'm being held prisoner against my will! I've never done anything wrong but here I am, trapped in my cell, not allowed to do what I want. They don't understand. I have to escape! This is only going to get worse.

② The door suddenly opened and in came my jailer. She's an unfriendly, middle-aged woman with a constant scowl on her face.（中略）"You'd better give up," she said, "I'm not joking! All you need to do is finish that…" Before she could finish the sentence, I refused, and she slammed the door again.

③ After a while the door slowly opened. A man dressed in black slowly came in with a book in his hand, "Father," I said in a weak voice, "I have nothing to say. I won't do it."

④ "Won't do what, my son?" he answered, "Let's start at the beginning. What did you do? You can tell me." I melted. He was so kind and gentle. He smiled so sweetly. I told him what had happened.

⑤ When I had finished, he called the jailer. I didn't know what to expect. But then he said, "Darling, why don't you let him go? Johnny really wants to play soccer very much. I promise I'll help him do his maths homework later!"

例文 9.8 の内容も，平易な英語で書かれているので，和訳するまでもないかと思います。

冒頭のシーン①では，私が罪もないのに牢獄に閉じ込められています。いまやらなければならない極秘の重大任務があるようです。

シーン②では，中年の太った女看守が現れ，囚人の私に対してなにかよからぬことを持ちかけます。私が拒否すると，女看守は私を牢獄に残したまま，怒って出ていってしまいます。

シーン③④で，神父さん（A man dressed in black／Father）が，聖書（book）を持って，死刑囚が処刑される直前の懺悔とお祈りのために現れます。Sonは，神父さんが，一般人に向かって呼びかける時の言葉です。私は，過去の過ち（what had happened）を告白します。

シーン⑤で，神父さんが，女看守を呼び出します。「ダーリン，囚人を釈放したらどう？　ジョニーは，サッカーをやりたくてたまらないようだよ。私は，後で，ジョニーの数学の宿題を手伝うから……」

ということで，シーン④からさかのぼって，つぎのことが一挙にわかります。

(1)　Fatherはお父さん
(2)　女看守はお母さん
(3)　Sonは息子
(4)　シーン①で「極秘の重大任務」(to do what I want) だったのは，いまやっているサッカー
(5)　シーン②で「なにかよからぬこと」(finish that...) だったのは，数学の宿題
(6)　シーン③の「聖書」(book) だったのは，数学の教科書。
(7)　シーン④の「過去の過ち」(what had happened) だったのは，数学の宿題をやっていないけど，まずは，いまやっているサッカーをやりたいこと。

シーン③④は，映画（洋画）や小説などで目にしたかもしれません。③④のような英語圏の人が当然知っている事柄を，あらかじめ知っていると，例文9.8のような英語での冗談が，比較的すなおに理解できるかと思われます。日頃から，幅広く，英語圏の文化に接していくと，しだいに，英語での冗談にも抵抗がなくなっていきます。

それにしても，冗談をくどくどと解説するほど無粋なことは，ほかには，ありませんね。

例文9.8の調子で，いくつか英語の冗談の例を挙げておきましょう。

〔例文 9.9：**An engineer**〕

An engineer, a scientist and the devil are standing at one end of a long tunnel. At the far end they can see a beautiful woman. The devil says to the two men, 'You may walk down the tunnel to the girl, but each step can only be half as long as the one before'.

'Oh no,' says the scientist, 'I won't do that. Waste of time.'

'Ah yes,' says the engineer, 'I'll take your offer.'

'But why?' says the scientist to the engineer, 'You'll never get there!'

'Ah yes!' says the engineer, 'You're right. But I'll get close enough for practical purposes!'

アキレスと亀のパラドックスを，さらにひねったような冗談ですね。

〔例文 9.10：**The reference**〕

There is the story of the employer who is interviewing applicants. He asks for a reference from a young man, who has applied to the company for a new job. The young man puts the employer in touch with his previous company and so he sent them a letter asking how the young man had performed when he had been working there. Back came the reference from his former employer, saying, "We trust you will find him as he left us - fired with enthusiasm!"

最後の台詞，一見正しいことを言っていますが，同時に「あなたも，面接の段階で，首にしたでしょう」というようなことを言っています。

〔例文 9.11：**Old paper**〕

Then there is the story of another young man in a new job who is very eager to please his new boss. One day he finds the Chief Executive standing by the office shredder, looking puzzled. The Chief Executive says, 'I don't know how to work these devices anymore, it's so complicated. I have this important old paper from the archive and I just wanted to run it through the machine."

"That's easy," says the young man, grabbing the piece of paper from the Chief Executive. "It works just like this" and he feeds the paper into the slot. "Thanks so much" says the Chief Executive, "I only wanted one copy."

古い重要文書が，シュレッダーへ……。ちなみに，copy はカタカタのコピー（複写物）の意味と，a copy of a book のように，一つのもの a single example of という意味の両方があることにも注意。

〔例文 9.12：**Sailing**〕
A headmistress was once looking for a speaker to talk to the girls at her school about sex. By chance she met the local church vicar in the supermarket. The vicar agreed to speak to the school but was worried about the reaction from his wife if she heard what he was going to talk about, so he wrote in his diary "Tuesday：Talk to girls about sailing".
The talk went well. A week later, the headmistress sees the vicar's wife in the supermarket.

"Thank you so much", she said to the vicar's wife. "Your husband gave a great talk to the girls the other day."

"I don't know why you asked him," said the wife. "He's only done it twice. The first time, he was sick and the second time his hat blew off!"

ちょっときわどいかもしれませんが……。
なお，例文 9.12：Sailing の joke のきわどさについては，英語圏の人の感覚では，つぎのようになります。

On the story about sailing – it's not actually rude, but you would have to be at a very jolly party to tell such a joke. It's the kind of joke that I would only use（in polite society）if someone else had told such a joke and I felt that I had to respond. I would not include it in a speech. But it is an example of British humour. It's quaint and pretty harmless, as jokes go.

　英国ロンドンでは，劇場でのショーなどで，コメディー調のものも，気軽に見ることができます．つぎの英文は，その説明です．そのまま読んで理解してください．

〔**例文 9.13**〕
British humour is quite varied. Traditional British humour is often slapstick[†], or a play on words. This can be very clever. Plays such as 'The 39 Steps', which has been running in London for many years contain slapstick[†] and a lot of very clever word-play. 'Mr Bean' is known all over the world. Other British humour is very satirical, such as the magazine 'Private Eye', or television programmes like Have I Got News For You (you can see episodes of this on youtube).
　　There are also many 'stand up' comedians who perform on stage. Their language can be very difficult to understand and very rude, but some are very popular.

9.5　会議のセット

　国際人としての英語のコミュニケーションがとれるようになり，かつ自らの専門分野の技術レベルが世界でも一流になると，自然と国際リーダー役としての活躍を，世界中から期待されるようになってきます．その際には，リーダー役として，国際メンバーに集まってもらって開催する，会議をセットすることも重要になります．
　国際メンバーに集まってもらう会議は，わが国で開催する会議とは，種々異

---

　† 　Slapstick means physical comedy with a lot of action, as in the circus.

9.5 会議のセット

なる面があります。その第一は効率的な会議のセットを心掛けるということです。

わが国では，会議を開催しないと，物事が決定できないと思い込む傾向が強いのが現状です．そのため，多数の会議が長時間続きます．しかし，会議を開催しなくても，e-mail などのやりとりで，合意形成ができるレベルの審議事項は多数あります．これらは，あえて会議を開催して決定する必要はありません．

なお，e-mail などの連絡を受け取った場合には，まずは，受け取り確認の返事をすみやかに出しましょう．これを怠り，何日ないし何週間も返答しないでおいて，回答がまとまった時点で，ようやく返信する人が，わが国では比較的多くみられるようです．このように，先方からの連絡に対して，すぐに返答しないのは，先方に対して大変失礼にあたることが多いです．

さて，いよいよ開催が絶対に必要な会議を開催することになったとします．その場合には，審議に必要な議事次第および関連資料を，入念に準備することがポイントです．日本人は，結局は，英語にハンディキャップがあるので，持っていきたい議論の流れに則して，会議を開催する前に議事録のたたき台も作成してしまう，という程度の入念な準備が効果的です．

わが国の会議では，会議の場では，リーダー役が，審議の結果を明言することを避けることが多く，リーダー役とは別に，いわゆる事務局とよばれるサポート部隊が裏方にいて，審議内容を忘れた頃のタイミングで，これらのサポート部隊が議事録を作成する，ということも多いようです．

国際メンバーが入る会議では，徹底した審議を行い，かつ，会議の開催中に，その場で決議文（resolution）を，全員参加の形で，作成するのが普通です（**図 9.4**）．その代わり，わが国の会議のように，読めばわかる配布資料を，長々と口頭で説明するいわゆる事務局説明は，徹底的に短くします．

国際プロジェクトでは，会議と次回の会議までの間における活動こそが，最も重要と見なします．会議はこれらの活動を交通整理し，さらに効率的な活動へとつなげるための単なる手段にしかすぎません．

図 9.4 国際標準（ISO）作成委員会での一コマ（イタリア国ミラノにて；人物は著者ら）：国際委員会のリーダー役（議長）として，舞台上のスクリーンに作業中の文言を映しながら作業していきます。参加している各国からの委員が，細かい言い回しの文言まで含めて徹底的に審議し，その場で，最終案をまとめていきます。朝から晩まで集中的に作業をしますが，ヨーロッパでは，お昼にワインが出たりします。

　以上のように，会議の開催方法は，わが国での会議の開催方法とは，かなり異なりますので，この辺りを意識して，国際プロジェクトを進めていくとよいでしょう。

　つぎの英文は，英国での会議に実際に参加する場合のイロハです。平易な英語で書かれているので，英語のまま読んで理解しましょう。日本人には，特に参考になる内容が，多数盛り込まれています。

〔例文 9.14〕

Business meeting culture in the UK is quite different from Japan. The British style is to be quite informal at the outset, and then get more serious during the discussion. When you enter the room, people will shake hands and exchange cards and greet each other. They might ask you how did you travel to the office? Did you find it easily? Is this the first time you've been to the city? Have you had

9.5 会議のセット

a chance to see any of the sights? If you have time to talk then other safe subjects to ask about are food, sports, the weather or recent holidays that they might have been on.

British businessmen in a meeting prefer not to sit with people from one company opposite the other in two lines, but perhaps in a more mixed arrangement. You can ask your host where they would like you to sit, if it is unclear. It is a very good idea to ask that everybody introduces themselves one by one round the table. Check how long you have and make sure you start to wind up the meeting at least five minutes before the allotted time. Agree what the outcomes are before people start to hurry away.

British people often speak quickly and with difficult sentence constructions. Do not be embarrassed to ask them to speak more clearly and in simple language. They don't know they are doing it.

It is also a good idea to confirm at the start what you hope to get out of the meeting and what they hope to get out of the meeting. You might also agree who will take some notes of the discussion. Once the introductions are done, people usually get straight to the point. It is British culture to make sure that everyone says something. (Otherwise, why were they at the meeting?) So it would be normal for the senior person to invite people on their side who have been quiet to contribute. They might also be interested in hearing from people on your side who haven't said anything.

It is a very good idea after each agenda item to summarise what you thought you heard and any action points. This also allows people time to catch up before you move on to the next item.

Another characteristic of a successful meeting is that on some topics it will turn into a lively conversation. People will interrupt from both sides to make their point. The senior people will moderate the discussion, but often they will let it flow freely as ideas emerge from everyone around the table. This is a good sign, provided everyone sticks to the point. Then the chairman will summarise and suggest the meeting moves on to the next item.

It is not British custom to exchange gifts in business meetings although they understand that this does happen sometimes in Japan. If you are planning to present a small gift at your meeting, it might be very helpful to warn them in advance, so they can reciprocate.

演習問題

〔9.1〕 自分の好きなジャンルの映画（英語で吹き替えなし）でフォーマルなスピーチの場面でのやりとりや，ディナーのシーンなどを見て，どのような洒落た言い回しを使っているか，聞き取れたものをメモしておきましょう。

〔9.2〕 なるべくチャンスを作るようにして，国際会議に参加して，実際に，英語でやりとりしてみましょう。さらに，休憩時間やディナーなどで英語圏の人と話をするチャンスを作るようにして，
・相手の話が聞き取れて会話が成り立っているか
・ディナーなのに仕事トークだけしかできない自分がいないか
・会話の出だしでは一応自分のセリフでしゃべりができるが，その後，相手の話が聞き取れないとか，自分の持ちネタ切れで黙りこんでしまい，結局，会話の輪から外れてしまった自分がいないか，
など，チェックしていきましょう。

10章 理論・数値解析での表現例

◆ 本章のテーマ

　本章では，理科系の論文特有の理論・数値解析を念頭において，そのポイントを学習します。数式が含まれる文章の表現は，定型のものが多く，その形式は，機械的に適用できます。しかし，数式が含まれる文章では，数式の前後で，改行が行われるため，数式を含むパラグラフの構成は重要です。本章では，これらのポイントを学習します。

◆ 本章の構成

10.1　基本形
10.2　わかりやすい英文表現に近づける
10.3　数値解析表現でのパラグラフの構成

◆ 本章を学ぶと以下の内容をマスターできます

☞　数式を含む表現の基本形
☞　数式を含むパラグラフの構成

10. 理論・数値解析での表現例

10.1 基　本　形

数式を含む英文では，定型の表現があります。本章の例を通じて，それを復習してみましょう（図 10.1）。

$$\text{物質勾配}: \text{Grad}F(\mathbf{X},t) = \frac{\partial F(\mathbf{X},t)}{\partial \mathbf{X}}, \quad \text{空間勾配}: \text{grad}f(\mathbf{x},t) = \frac{\partial f(\mathbf{x},t)}{\partial \mathbf{x}}$$

$$\dot{F}(\mathbf{X},t) = \frac{DF(\mathbf{X},t)}{Dt} = \left(\frac{\partial F(\mathbf{X},t)}{\partial t}\right)_{\mathbf{X}\,\text{fixed}}$$

$$\dot{f}(\mathbf{x},t) = \frac{Df(\mathbf{x},t)}{Dt} = \left(\frac{\partial f[\chi(\mathbf{X},t),t]}{\partial t}\right)_{\mathbf{X}=\chi^{-1}(\mathbf{x},t)\,\text{fixed}}$$

$$\dot{\Phi}(\mathbf{x},t) = \left(\frac{\partial \Phi(\mathbf{x},t)}{\partial t}\right)_{\mathbf{x}\,\text{fixed}} + \left(\frac{\partial \Phi(\mathbf{x},t)}{\partial \mathbf{x}}\right)\left(\frac{\partial \chi(\mathbf{X},t)}{\partial t}\right)_{\mathbf{X}=\chi^{-1}(\mathbf{x},t)\,\text{fixed}}$$

図 10.1　解析系

〔例文 10.1〕

In soil mechanics, the slight deformations of volumetric nature caused by a pore-pressure increase are generally neglected, but in less porous materials these deformations can be computed as

$$\mathrm{d}\bar{\varepsilon}_{ij} = -\delta_{ij}\mathrm{d}p/3K_s \tag{10.1}$$

where K_s is the average bulk modulus of the solid grains forming the skeleton.

　　―― O.C. Zienkiewicz and P. Bettess：Soils and other saturated media under transient, dynamic conditions ; general formulation and the validity of various simplifying assumptions（1982）より

Technical terms：soil mechanics「土質力学」, pore-pressure「間隙圧」, porous「多孔質の」, average bulk modulus「平均体積弾性係数」, solid grains「固体粒子」, skeleton「骨格」

10.1 基本形

【和訳】

　土質力学では，間隙圧の上昇に伴うわずかな体積変化は一般的に無視するが，小さな多孔質の材料では，この体積変化を，次式により計算することができる。

$$d\bar{\varepsilon}_{ij} = -\delta_{ij} dp/3K_s \tag{10.1}$$

ここに，K_s は，骨格を形成する固体粒子の平均体積弾性係数である。

　例文 10.1 のとおり，

　　「次式により～することができる」

　　「ここに，～は～である。」

という数式表現の定型ともいえる表現は，シンプルに，

　　　～　as　（数式）（改行）where ～ is ～

の形となります。数式が含まれる文は，このような基本形を機械的に適用して英文化すればよく，数式自身は英語でも日本語でも共通しているので，英文による数式表現は，日本人には比較的楽に学習できます。「ここに，～は～である。」の表現として，例文 10.1 では，単純に where ～ is ～ としていますが，is に代えて，

　　　where ～ denotes ～

の表現もよく使われます。

〔例文 10.2〕

Overall equilibrium between the total stress-tensor gradients, body forces and inertia forces must exist. Thus we can write

$$\sigma_{ij,j} + \rho g_i = \rho \ddot{u}_i + \rho_f \ddot{w}_i, \text{ with } \frac{\partial}{\partial t} u_i \equiv \dot{u}_i, \text{ etc}. \tag{10.2}$$

In the above, g_i represents the vector of gravity accelerations in the reference

---

Technical terms：equilibrium「つり合い」, stress-tensor「応力テンソル」, gradients「勾配」, body force「物体力」, inertia force「慣性力」, vector「ベクトル」, gravity acceleration「重力加速度」

frame and the acceleration terms on the right-hand side come from the overall and relative fluid displacement respectively.

　——　O.C. Zienkiewicz and P. Bettess：Soils and other saturated media under transient, dynamic conditions；general formulation and the validity of various simplifying assumptions（1982）より

【和訳】

全応力テンソル勾配，物体力，慣性力の間の全体的な釣合いが成り立たねばならない。よって，次式が成り立つ。

$$\sigma_{ij,j} + \rho g_i = \rho \ddot{u}_i + \rho_f \ddot{w}_i, \text{ with } \frac{\partial}{\partial t} u_i \equiv \dot{u}_i, \text{ etc}. \tag{10.2}$$

上式において，g_i は基準系における重力加速度ベクトルを，右辺の加速度項は，それぞれ，全体的な加速度，および相対的な流体変位を表す。

例文 10.2 では，数式に現れる変数や項の説明を，別の文に分けて，
　　～ represents ～
で表しています。

例文 10.1, 10.2 に見られるとおり，日本語で数式を書く際には，数式は，一つの独立した文，ないし，文とは異なる絵文字や数学記号の部分，という意識で認識することが多いようです。これに対して，英語で数式を書く際には，数式も文章の一部，として認識することが多いといえます。

as で数式を受ける式（10.1）の形式では，
　　as
以下が一つの句として，ある程度，独立したカタマリとして認識されるので，日本語での数式感覚にも近いといえます。これに対して，
　　we can write ～
で数式を受ける式（10.2）の形式では，write 以下が目的語となり，数式は文中

Technical terms：fluid displacement「流体変位」

の単語の扱いとなります。このような数式に対する認識の相違について，頭に入れながら，数式が含まれる英語表現の文献を読んでいくと，しだいに自然な流れの英語による数式表現が身についていきます。

10.2 わかりやすい英文表現に近づける

　数式が英文の一部だという英語圏の人の意識は，以下のような例でも，読み取れます。

〔例文 10.3〕

This is given for small deformations by
$$\varepsilon_{ij} = (u_{i,j} + u_{j,i})/2, \tag{10.3}$$
where
$$u_{i,j} = \partial u_i / \partial x_j. \tag{10.4}$$

　例文 10.3 は，和訳するまでもないでしょう。注目したい点は，式 (10.3) がカンマで区切られ，式 (10.4) にピリオドがついている点です。This から式 (10.4) までが一つの文となっていると意識しているのです。

　なお，このように式の後ろにカンマやピリオドを入れるか否かについては，参考文献のスタイルと同じく，論文を掲載する雑誌や書籍の出版社が採用するスタイルに依存します。雑誌や出版社によっては，カンマやピリオドを入れないものも多いといえます。この場合でも，英語圏の人の意識では，This から式 (10.6) までが一つの文となるという認識は変わりません。

　逆に，日本語の感覚と同じように，数式が一つの独立した文として認識して書く場合の英語表現もあります。つぎの例を見てみましょう。

Technical terms：small deformations「微小変形」

〔例文 10.4〕

From consideration of equation (A) it seems reasonable to postulate that when the material is elastic ($p_y < p_c$) and when $dp_y < 0$, the following relation holds:

$$\frac{dp_c}{p_c} = \theta \frac{dp_y}{p_y}. \tag{10.5}$$

【和訳】

　式 (A) についての考察により，材料が弾性 ($p_y < p_c$) かつ $dp_y < 0$, の条件が満たされるのであれば，次式が成り立つと仮定してよいであろう。すなわち，

$$\frac{dp_c}{p_c} = \theta \frac{dp_y}{p_y}. \tag{10.5}$$

例文 10.4 のほか，

　～ may be written as follows

の後ろをコロンで区切って改行した後，数式行に移る，という方法もよく用いられます。

　英文での数式表現については，このように，数式が文の一部に組み込まれているのか，それとも，独立した文として認識されているのか，の点について注意しながら学習し，きちんと使い分けていくと，英文としてもわかりやすい自然な英文表現に近づくことができます。

10.3　数値解析表現でのパラグラフの構成

　数式を含む数値解析表現では，数式が現れるたびに改行されるので，パラグラフの構成についても，認識が甘くなりがちです。結果として，英語圏の人にとっては読みにくい文章を書いてしまう恐れもあります。

Technical terms：elastic「弾性」

10.3 数値解析表現でのパラグラフの構成

　英文による数式を含む数値解析表現を読む際も，普通の文章と同じように，パラグラフに意識を向けて，トピックセンテンスはどれか，また，パラグラフの構成はどのようなものか，のあたりにも注意していきましょう。このような学習を続けていくことにより，しだいに英語圏の人にも読みやすい数値解析関係の文章が書けるようになります。

　つぎの英文例を使って，数式が含まれるパラグラフの構成を見てみましょう。

〔例文 10.5〕

To decide the limits of applicability of the various approximations a simple linear problem was recently solved for a periodic load input. This problem involved a soil layer of a depth L and a periodic surface loading. Dimensional analysis indicates that the solution depends primarily on two non-dimensional parameters (assuming that K_s tends to infinity, i.e. that grain compressibility is not important) :

$$\prod_1 = \frac{2}{\pi}k\rho\frac{T}{\hat{T}^2} = \frac{2}{\beta\pi}\frac{\bar{k}}{g}\frac{T}{\hat{T}^2}, \prod_2 = \pi^2\left(\frac{T}{\hat{T}}\right)^2 \tag{10.6}$$

where $\bar{k} = k\rho_f g$ is the kinematic permeability coefficient generally used in soil mechanics. In addition to the above parameters, there are others of minor sensitivity which we shall consider as constants.

$$\prod_3 \equiv \beta = \rho_f/\rho, \prod_4 = n, \prod_5 = \frac{K_f/n}{(K+K_f/n)}. \tag{10.7}$$

In the above

$$V_c^2 = (K+K_f/n)/\rho, \ T = 2L/V_c \tag{10.8}$$

Technical terms：simple linear「線形」，periodic「繰り返し」，load input「荷重投入」，soil layer「土層」，dimensional analysis「次元解析」，non-dimensional parameters「無次元パラメータ（パラメータの発音はパラメタに近く，ラにアクセントがくることに注意）」，kinematic「運動学の」，permeability coefficient「透水係数」，soil mechanics「土質力学」

represent respectively a compression wave velocity and a natural period of the layer for undrained material behavior,

$$T = 2\pi/\omega \tag{10.9}$$

is the period of applied loads, and

$$K = E(1-\nu)/(1+\nu)(1-2\nu) \tag{10.10}$$

is the isotropic modulus of compressibility of the soil skeleton.

—— O.C. Zienkiewicz and P. Bettess : Soils and other saturated media under transient, dynamic conditions ; general formulation and the validity of various simplifying assumptions (1982) より

【和訳】

　種々の近似形の適用限界を決定するため，繰返し荷重投入に対する線形問題が最近解析された。この問題は，深さ L の土層の表面に繰返し荷重を与えるものである。次元解析により，解析結果はおもに以下の二つの無次元パラメータで表現されることがわかっている（なお，K_s は無限大，すなわち，土粒子の圧縮性が無視できると仮定）：

$$\prod{}_1 = \frac{2}{\pi}k\rho\frac{T}{\hat{T}^2} = \frac{2}{\beta\pi}\frac{\bar{k}}{g}\frac{T}{\hat{T}^2}, \prod{}_2 = \pi^2\left(\frac{T}{\hat{T}}\right)^2 \tag{10.6}$$

ここに，$\bar{k} = k\rho_f g$ は土質力学で通常使われる運動学の透水係数である。以上のパラメータに加え，著しい影響がないパラメータもあるが，これらは定数として扱う。

$$\prod{}_3 \equiv \beta = \rho_f/\rho, \prod{}_4 = n, \prod{}_5 = \frac{K_f/n}{(K+K_f/n)}. \tag{10.7}$$

上式において，

$$V_c^2(K+K_f/n)\rho, \hat{T} = 2L/V_c \tag{10.8}$$

は，それぞれ体積圧縮波速度および非排水条件での土層の固有周期であり，

Technical terms : compression wave velocity「圧縮波速度」, natural period「固有周期」, undrained「非排水の」, isotropic「等方性」, modulus「係数」, soil skeleton「骨格土」

$$T = 2\pi/\omega \tag{10.9}$$

は繰返し荷重の周期，また，

$$K = E(1-\nu)/(1+\nu)(1-2\nu) \tag{10.10}$$

は土粒子骨格の圧縮性を表す等方的な剛性係数である．

例文 10.5 では，このパラグラフ全体で，近似形の適用限界を決定するために，二つの重要な無次元パラメタで表現される繰り返し荷重入力に対する線形問題を解析したことを述べています．トピックセンテンスは，初めの文となり，以降の文は，その追加説明，さらなる追加説明となります．パラグラフ全体もこのように構成されています．

先に述べたとおり，数式を含む文章表現では，数式が出てくるたびに改行されるので，パラグラフが見えにくくなるかもしれません．しかし，特に英語表現の場合には，パラグラフを明確に意識して，読んだり書いたりしていくとわかりやすい理論解析関連の論文が書けるようになっていきます．

コラム

難（軟）解用語集（解析系）

地盤工学分野の解析系で出てくる基礎的な専門用語を，以下に解説します（正しくは，専門の用語集などを参照してください）．解説は難（軟）解ですが，コラムなので，リラックスして読んでください．（ただし，真に受けないこと．）

応力（stress）

　説明：地盤内のある断面に加わっている力（1 m^2 当たりの力などにそろえた値にする）

　一口メモ：英語はストレスで，心理的にストレスがたまったりするのも，外圧が大きいから

平均応力（average stress）

　説明：上下，水平 2 方向に働いている応力の平均値（押しつぶしたり（圧縮），ふくらませたり（伸張）する力に相当）

　一口メモ：英語ではプレッシャー pressure といってもよい．「プレッシャーに強い」もこのあたりからきている

せん断応力（shear stress）
　説明：横にずらそうとする力（1 m^2 あたりの力などにそろえた値にする）
　一口メモ：「プレッシャーだけかと思っていたら，ゆさぶりまでかけてきた」
　　の際の「ゆさぶり」のイメージ

ひずみ（strain）
　説明：地盤の変形（歪み）の程度（1 m あたりの変形などにそろえた値）
　一口メモ：「歪んだ心」，「社会のひずみのしわよせ」なども，このあたりから

演習問題

〔**10.1**〕　数値解析系の教科書か論文などを読み，パラグラフがどのように構成されているかに注意しつつ，その表現方法をチェックしていきましょう。

11章 構造系での表現例

◆本章のテーマ

本章では，構造系での表現例に則して，英語表現を復習しましょう。構造系の専門用語は，一つずつ自分のものにしていくことが重要になります。

◆本章の構成

11.1 平面応力と平面ひずみ
11.2 片持ち梁の曲げ

◆本章を学ぶと以下の内容をマスターできます

☞ 構造系での表現の学習方法
☞ 構造系での専門用語の学習方法

11.1 平面応力と平面ひずみ

〔例文 11.1〕

Plane Stress

① If a thin plate is loaded by forces applied at the boundary, parallel to the plane of the plate and distributed uniformly over the thickness, the stress components σ_z, τ_{xz}, τ_{yz} are zero on both faces of the plate, and it may be assumed, tentatively, that they are zero also within the plate. ② The state of stress is then specified by σ_x, σ_y, τ_{xy} only, and is called plane stress. ③ It may also be assumed tentatively that these three components are independent of z, i.e., they do not vary through the thickness. ④ They are then functions of x and y only.

Plane Strain

⑤ A similar simplification is possible at the other extreme when the dimension of the body in the z direction is very large. ⑥ If a long cylindrical or prismatical body is loaded by forces that are perpendicular to the longitudinal elements and do not vary along the length, it may be assumed that all cross sections are in the same condition. ⑦ It is simplest to suppose at first that the end sections are confined between fixed smooth rigid planes, so that displacement in the axial direction is prevented. ⑧ The effect of removing these will be examined later. ⑨ Since there is no axial displacement at the ends and, by symmetry, at the midsection, it may be assumed that the same holds at every cross section.

Technical terms：plane stress「平面応力」, plate「板」, boundary「境界」, parallel to「平行に」, over the thickness「(板の) 厚さにわたって」, tentatively「とりあえず (当面の処置として)」, independent of「独立な」, through the thickness「(板の) 厚みの方向では」, functions「関数」, plane strain「平面ひずみ」, simplification「単純化」, the other extreme「対極」, the dimension「寸法」, cylindrical「円筒形の」, prismatical「柱状の」, perpendicular to「垂直に」, the longitudinal「軸方向の」, cross sections「断面」, confined「拘束されている」, rigid planes「剛な平面」, displacement「変位」, the axial direction「軸方向」, by symmetry「対称性により」, the midsection「中央の断面」

11.1 平面応力と平面ひずみ

—— S.P. Timoshenko and J.N. Goodier：Theory of Elasticity（1970）より

例文 11.1 における表現のポイントを示していきましょう。

①では，最重要のカタマリ（1章参照）は，下線をつけたつぎの二つのカタマリです。

  the stress components σ_z, τ_{xz}, τ_{yz} are zero on both faces of the plate

  it may be assumed, tentatively, that they are zero also within the plate

第1パラグラフ（Plane Stress）は①〜④の四つの文で構成されていますが，そのうちトピック・センテンス（6章参照）は②で，これにより，平面応力を定義します。①③④は追加説明となります。パラグラフの構成形式（6章参照）は，起承転結の類似形で，起承の順序を逆にして，トピック・センテンスまでにつながる論理を，①の If から，論理の順に従って並べる形式をとっています。

第2パラグラフ（Plane Strain）では，⑤が前のパラグラフからのつなぎの役割を果たすと同時に，この段落のトピック・センテンスとなります。第2パラグラフの前に，Plane Strain という表題が置かれるため，パラグラフ内では，平面ひずみという単語の使用を省略しています。第2パラグラフの構成は，起（⑤），承（文⑥⑦），転（⑧），結（⑨）となります。

専門分野の英文表現では，専門用語が多数出現します。それらを，専門用語辞典などに当たって確認しつつ，一つひとつ記憶していくことにより，実力がアップしていきます。

いわゆる一夜漬けで，テスト直前などに，一挙に多数の単語を覚えようとすると，結局，一つも覚えられないことがあります。一日で覚える単語の数は，例えば3個程度で我慢しておき，これを毎日続けていくと，忘れたくても忘れられないほど，しっかりと覚えることができます。一か月で100個ほどの新しい単語を覚えていくわけで，これにより，読むのも楽になっていきます。

さっそく，例文 11.1 などで，知らない専門用語や単語をマーキングしていき，3個ずつ記憶していきましょう。来週までに，毎日覚えていけば，21個の

新しい単語が覚えられます。

第1パラグラフでの，this や that に類似の they の使い方（7章参照）も参考になります。① 後半の they は，その前に，最重要のカタマリの主語として the stress components がしっかり位置づけられているため，間違いなく，これ（ら）を受けることとなります。

③ 前半の，these stress components の使い方に注目しましょう。かりに，この these stress components という表現の代わりに they を使ったら，どのような意味の文章になるでしょうか。この文脈では，σ_z, τ_{xz}, τ_{yz} を初めの they で受けており，しかもそれがトピック・センテンスの主語なので，こちらを意味することになってしまう可能性も出てきます。

このように，they がどれを指すかが混乱する可能性がある場合には，they と書かずに，具体的に書きます。一度具体的に書き表して，文脈（追加説明のカタマリ中の）の中で，新たな主役としての地位を確保しておけば，その後は ③④ の文中にあるように，they を使って，この新たな主役を指していくことができます。

11.2　片持ち梁の曲げ

〔例文 11.2〕

① In discussing pure bending, it was shown that if a bar is bent in one of its principal planes by two equal and opposite couples applied at the ends, <u>the deflection occurs in the same plane</u>, and of the six components of stress <u>only the normal stress parallel to the axis of the bar is different from zero</u>. ② This stress is proportional to the distance from the neutral axis. ③ Thus the exact solution

---

Technical terms：pure bending「純曲げ」，a bar「梁」，bent「曲げられる」，principal planes「主断面（主軸に垂直な平面）」，couples「偶力（モーメントのみを与える力）」，ends「梁の端点」，deflection「たわみ」，normal stress「垂直応力」，parallel to「〜に平行な」，the axis「軸」，the neutral axis「中立軸」，the exact solution「厳密解」

11.2 片持ち梁の曲げ

coincides in this case with the elementary theory of bending. ④ In discussing bending of a cantilever of narrow rectangular cross section by a force applied at the end, it was shown that in addition to normal stresses, proportional in each cross section to the bending moment, <u>there will act also shearing stresses proportional to the shearing force</u>.

—— S.P. Timoshenko and J.N. Goodier：Theory of Elasticity（1970）より

例文 11.2 における表現のポイントを示していきましょう（**図 11.1**）。

図 11.1　片持ちバリ

① では，最重要のカタマリ（1 章参照）は，下線をつけたつぎの二つのカタマリです。

  the deflection occurs in the same plane

  only the normal stress parallel to the axis of the bar is different from zero

もちろん，1 章のルールに従うと，形式的には，最重要のカタマリは，

  it was shown

Technical terms：coincides with「一致する」，a cantilever「片持ち梁」，cross section「断面」，bending moment「曲げモーメント」，act「作用する」，shearing stresses「せん断応力」，proportional to「比例する」，shearing force「せん断力」

ですが，慣れてきたら，この形式のカタマリは that 以下の頭飾り程度の感覚で，軽く読み飛ばしてしまってもよいでしょう．

②③は，読みやすいでしょう．④では，最重要のカタマリは，下線を付けたつぎの文となり，その前の説明が長い形式をとっています．

there will act also shearing stresses proportional to the shearing force.

この④は，まるで，日本語を読まされているかのような文で，すでに英語モードの頭に切り替わっている読者には，逆に読みにくい（最重要のカタマリがなかなか出てこないので息が詰まってくる感じ）かもしれません．

パラグラフは①〜④の四つの文で構成されていますが，このパラグラフは，これまで見てきたパラグラフとは，ちょっと違う構造をしています．一つのパラグラフで，①と④の二つのことを言っており，①では純粋曲げ，④では細い矩形断面の片持ち梁の先端に荷重が加わる条件での曲げ，を述べています．

一つのパラグラフで一つのことを言う（第6章参照）のではなく，2つのことを言っているので，パラグラフ全体としては，少し読みにくかったのではないでしょうか．自分で書く場合には，④を別のパラグラフとするのが無難でしょう．

別の案では，パラグラフの冒頭で「片持ち梁の曲げには，二つの典型的なケースがある」のようなトピック・センテンスで，起承転結の起をはじめておくと，残りは同様のパラグラフを続ければよくなります．

さて，例文11.2のパラグラフについて，トピック・センテンス（6章参照）は，まず，①となり，これにより，純粋曲げの説明を始めます．②③は追加説明となります．ここまでのパラグラフの構成形式（6章参照）は，起承転結の類似形で，転を省略した起承結の形式をとっています．つぎに，④が二つ目のトピック・センテンスとなり，こちらは，一つの文のみの形式となります．

④を別のパラグラフとする場合には，④を分割して，起承の形式を持たせたほうが読みやすいでしょう．

コ ラ ム

交渉

　交渉の際，英語圏の人の文化では，交渉相手と自分との上下関係にかかわらず，ダメ元で，ドライに交渉をはじめることが多いようです。「望む内容は，自分と相手では異なるのが当然，だから交渉するのだ」程度の割り切り感覚でしょうか。

　日本の文化だと，交渉相手の気分を害さないように，それなりに気をつかうことが多いでしょう。できれば，交渉相手が自らその気になって，円満に事が運ぶように，と思ったりするのはよいのですが，交渉の初めから，相手のご機嫌を伺っているようでは，交渉にはなりません。

　わが国の外交ベタは，あまねく世界中に知られているようです。外交における目線も，世界全体や相手の生まれ育った社会や文化を含めた交渉相手に向けられず，いつも親もとの日本に向けられ，親の顔色やご機嫌のほうが，交渉の現場よりも，よほど気になっているのではないかとも，傍からは見えます。

　さて，苦言はこの程度にしておき，本題に入りましょう。本題というのは，本書でも引用文献に使っている『Geotechnics and Earthquake Geotechnics towards Global Sustainability』をオランダのSpringer社から出版したときの話です。

　編集者だった私は，Springer社からの出版契約で，図面や写真を含めすべて白黒で印刷する，という条件を提示されて，「ま，こんなものか」とあまり考えもせず，白黒印刷で了承してしまいました。

　さて，原稿も出版社の手にわたり，校正などの段階にきたところで，なんと出版社のほうから，図面や写真をカラー印刷したいとの提案が舞い込んだのです。大朗報です。それまで，白黒で印刷と思い込んでいたこともあり，出版社との英語でのやりとりを全面的に担当してくれていた研究室のY氏に，英語圏の人を相手に，どのような交渉をやってのけたのか，そのテクニックを尋ねました。

　いわく，「英語のやりとりで交渉しても時間がかかるだけなので，白黒ではなく，カラーの原稿を，そのまま出版社に送りました。」ダメ元の交渉の文化をきちんと理解し，しかも，それを京都風にさりげなく，やってのけてしまう。国際人としてのコミュニケーションには，このように相手側の文化に関する深い洞察（軟らかく言えば，流れを読み切ること）もとても大事です。

（記：井合　進）

演習問題

〔11.1〕 本章の英文例を，頭からすらすら訳で，和文にしてみましょう．

〔11.2〕 本章での表現例が対象としている内容，例えば，平面応力について，英語で説明してみましょう．

〔11.3〕 来週までに，構造系の学術用語で，これまで知らなかった単語を20個ピックアップして，覚えましょう．

12章 地盤系での表現例

◆ 本章のテーマ

本章では，地盤系での表現例に則して，英語表現を復習しましょう。地盤系の専門用語は，一つずつ自分のものにしていくことが重要になります。

◆ 本章の構成

12.1 擁壁に加わる土圧
12.2 土のせん断

◆ 本章を学ぶと以下の内容をマスターできます

☞ 地盤系での表現の学習方法
☞ 地盤系での専門用語の学習方法

| 12.1 | 擁壁に加わる土圧 |

〔例文 12.1〕
① Like most students of my generation, I was introduced to the subject of lateral earth support by learning the derivation of Coulomb's formula in about my junior year. ② The derivation was straightforward enough ; without explanation or apology, the surface of sliding was taken as a plane, the properties of the soil were characterized by the angle of repose, and the point of application was said to be at one-third the height of the retaining structure. ③ The objective of the exercise was apparently to determine the loading that, once obtained, would permit the more serious business of learning how to carry out the structural design of a retaining wall.

—— Ralph B. Peck：Fifty years of lateral earth support（1990）より

例文 12.1 では，③ がいかにも英文らしい構造になっているので，慣れないと，読むのに少し苦労するかもしれません。③ をふつうに和訳すると，以下のようになります。

【ふつうの和訳】
③ [A] 演習の目的は，[B] どうやら，[G] 擁壁の構造設計を行う方法を [F] 勉強するという，[E] もっと大事なことが [D] できるようにするために，一旦求めておけばよい（その勉強に使える）[C] 荷重を決定することだったようだ。

Technical terms：subject「科目」，lateral earth support「土留め」，derivation「（式の）誘導」，Coulomb's formula「クーロンの式」，the surface of sliding「すべり面」，a plane「平面」，characterized「特徴づけられる」，the angle of repose「安息角」，the point of application「着力点（合力作用点）」，retaining structure「擁壁」，exercise「演習」，loading「荷重」，structural design「構造設計」

12.1 擁壁に加わる土圧

【英文での対応箇所】

③ [A] The objective of the exercise was [B] apparently [C] to determine the loading [D] that, once obtained, would permit [E] the more serious business of [F] learning [G] how to carry out the structural design of a retaining wall.

つぎに，一つの文をいくつかの文に分割してしまってもよいことにして，③の英文での順のまま，頭から和訳してみましょう．

【頭からすらすら訳】

③ [A] 演習の目的は，[B] どうやら，[C] 荷重を決定することだったようだ．
　　　　[C]' その荷重とは，[D] 一旦求めると，[E] もっと大事な [F] 勉強をできるようになるというものだった．
　　　　　　[F]' その勉強とは，[G] 擁壁の構造設計を行う方法についてだった．

この要領で，もう少し簡単な構造を持つ，①の文を和訳してみましょう．

【英文での対応箇所】

① [A] Like most students of my generation, [B] I was introduced to [C] the subject of lateral earth support [D] by learning [E] the derivation of Coulomb's formula [F] in about my junior year.

【ふつうの和訳】

① [A] 私の世代のほとんどの学生と同じように，[B] 私は [F] 2年生の頃，[E] クーロン土圧式の導き方について [D] 勉強することにより，[C] 擁壁の力学の初歩を教わった．

【頭からすらすら訳】

① [A] 私の世代のほとんどの学生と同じように，[B] 私は教わった [C] 擁壁の力学の初歩を．

[C]' この授業は，[D] 勉強することにより行われた [E]（その勉強というのは，) クーロン土圧式の導き方についてである。
　　　[F] 学部の2年生の頃。

　例文12.1は，土質力学で有名なRalph B. Peckが，1990年の米国土木学会の地盤工学特別会議で，擁壁にかかる土圧に関する50年間の研究の展望をとりまとめた報告の冒頭の部分で，これを基に行った講演は，きっと大受けだったに違いないでしょう。

　2番目の文でのクーロン土圧における三つの仮定（直線すべり，安息角，合力作用点）についての固い内容（のはず）の説明の中で，without explanation and apology（説明も謝罪もないまま勝手に仮定してしまって！？）という，ユーモアたっぷりの表現が自然と出てくるところなど，Peckらしさが垣間見えます。

　一応パラグラフの構成をチェックすると，例文12.1において，①がトピック・センテンスとなり，②③はその追加説明です。パラグラフの形式では，起承転結の転を省略した，つぎの形式です。

　　　　起（①） ― 承（②） ― 結（③）

　この例文は，洒落た英語の香りがする英語らしい英文表現なので，数や不定冠詞，定冠詞（7章参照）の使い方（英語の心）に注意して，もう一度，読み直しましょう。of や that で限定される意味という趣旨の定冠詞が多く使われています。

　①　the subject of lateral earth support など
　③　the loading that ～

不定冠詞は，③の最後で，a retaining wall のように出てきますが，この使い方（文脈）にも注目してください。②の最後では，the retaining wall と限定（①で lateral earth support が出てくるのでこれを受ける）しているのに，その後で出てくるときには，不定冠詞となって特定していないのは，理屈に合わないと疑問に思うかもしれません。

文脈を読み切れるようになると，このような疑問はしだいに解消されていくようになります。③では，②で説明したクーロン土圧の授業の際に用いた（特定の）擁壁ではなく，一般的な擁壁を指しています。

文脈（文の流れ）も，①②で述べてきた土圧理論の授業の説明から，③で一挙に別の流れへ（冗談のオチのようなニュアンスで），土圧理論は単なる導入手段でしかなかった，と変化していきます。これに応じて，擁壁も②の土圧理論で使う（例の）擁壁から，③の構造設計の対象とする（一つの）擁壁へと変化しているようです。

12.2 土のせん断

〔例文 12.2〕

① A number of differences between the results of the two common types of shear testing apparatus have already been stated or implied. ② As stated in Section A, larger relative values of intermediate principal stress tend to give somewhat larger shearing strength values in direct shear tests than are obtained in cylindrical compression tests. ③ On the other hand progressive action occurs to a greater degree in direct shear tests than in cylindrical compression tests, as stated in Section B, and on this basis strengths obtained in direct shear tests tend to be smaller than those obtained in cylindrical compression tests. ④ Failure must occur on a definite plane in direct shear tests and, therefore, strength values from such tests on isotropic soils tend to be somewhat larger than those from cylindrical compression tests in which failure tends to occur on the weakest plane ; this is especially true in soils containing minute fissures or

---

Technical terms：shear testing apparatus「せん断試験装置」，intermediate principal stress「中間主応力」，shearing strength「せん断強度」，direct shear tests「直接せん断試験」，cylindrical compression tests「円筒供試体の三軸圧縮試験」，progressive action「進行性作用」，failure「降伏」，a definite plane「あらかじめ定められた面」，isotropic soils「等方的な土」，the weakest plane「最弱面」，minute fissures「微細な亀裂」

any other such tendency toward definite planes of weakness. ⑤ In direct shear tests in which an undrained condition is desired it is likely that complete prevention of drainage will not be obtained; thus the strength values obtained may be too large in a soil that is not precompressed and may be too small in a highly precompressed soil.

⑥ In a cylindrical compression test a small element of the specimen undergoes change in shape as shown in Fig. 12.1 (a); full lines indicate the initial shape and dashed lines the final shape. ⑦ The planes within the soil which initially are principal planes remain principal planes throughout the shearing process. ⑧ This type of strain, in which there is no rotation of principal planes, is sometimes called pure shear. ⑨ In a direct shear test the change in shape of a small element of the specimen is as shown in Fig. 12.1 (b). ⑩ The major principal planes are horizontal at the outset of the test, but during the shearing process they rotate through an angle to reach the orientation shown in Fig. 12.1 (b). ⑪ This type of strain is sometimes called simple shear. ⑫ The essential difference between simple shear and pure shear is in the rotation or absence of rotation of principal planes. ⑬ As far as is known, rotations have no appreciable effects on strengths, but an understanding of the two basic types of shear is needed for a clear visualization of the strain systems that occur in various types of soil problems.

—— Donald W. Taylor："Fundamentals of Soil Mechanics"（1948）より

Technical terms：undrained condition「非排水条件」，drainage「排水」，precompressed「先行圧縮」，a highly precompressed soil「著しく先行圧縮された土（pressure の大小は，high/low で表す）」，specimen「供試体」，undergoes change in shape「形状の変化を受ける」，full lines「実線（solid lines ともいう）」，dashed lines「破線（broken lines ともいう）」，principal planes「主断面（主応力面）」，remain「を保って」，the shearing process「せん断過程」，strain「ひずみ」，rotation「回転」，pure shear「純せん断」，the major principal planes「最大主応力面」simple shear「単純せん断」，problems「問題（工学系の論文では，problems を，問題が発生した，の意味での問題で使うことも多いので，研究課題という意味で使う場合には，research subject のように，具体的な表現を使う方が無難）」

12.2 土のせん断

　一つひとつの文も少し長めですが，文の数もこれまでよりは少し多いパラグラフの例です。スピードを上げて，どんどん読んでいってください。

　第1パラグラフでは，①がトピック・センテンスとなり，二つのタイプのせん断（直接せん断と円筒供試体のせん断）試験では，多数の相違があることが指摘されたことを述べます。②〜⑤は，その相違の内容を具体的に列挙しています。パラグラフの形式は，起承転結の変形版で，

　　　起（①）― 承（②）― 転（③）― 承（④）― 承（⑤）

の形式となっています。

　引き続く第2パラグラフ（**図 12.1**）は，複合的な形式になっています。まず，⑥〜⑧で，

　　　起（⑥）― 承（⑦）― 結（⑧）

を構成します。⑨〜⑪も同様に，

　　　起（⑨）― 承（⑩）― 結（⑪）

このような複合構造のパラグラフでも，読みやすい理由として，参照されている図面が，段落全体のトピック・センテンスの代役を果たしていることが挙

　　　（a）　純せん断　　（b）　単純せん断

図 12.1　せん断の形式

げられます。段落の初めの ⑥ の文で，この図が言及されるので，読者にもこの図面がトピック・センテンスの代役を果たしていることが理解できるのです。

　文章を書きなれていないと（日本語でもそうですが），「図＊＊は〜」を段落の先頭に持ってきて，This is a pen. That is a book. の感覚で，書きたくなります。もちろん，「図＊＊は〜」で，段落をはじめること自体は，問題ありません。しかし，それに引き続く段落の構成がしっかりできずに，ひたすら箇条書きのように図面の説明が続くと，子供の説明を聞いているようなもどかしさが出ます。

　図を参照する場合でも，数式を参照する場合でも，いずれの場合でも段落の構成がきちんとできていることが，流れのある表現につながります。

　同様の問題は，プレゼンの際にも，発生します。見ればわかるスライドの内容を，This is a pen. That is a book. の形式でひたすら説明する，という問題です。プレゼンの際にも，パラグラフの構成と同じように，話の流れが大切です。ゆっくり考えながら話していってもよいので，「話にならない」ではなく，「話ができる」ように練習していきましょう。

コラム

方言

　英語にも方言があります。以下は，それにまつわるちょっとしたお話です。

English is a very flexible language, but even native English speakers can struggle to understand people from other parts of the UK. There are some very strong regional accents, for example, such as Glaswegian（from Glasgow）or 'Geordie'（from Newcastle）. I once met a speech trainer for the BBC who had never met me or my wife before. She could recognise 140 British regional dialects, and her job was to train actors to speak in the right manner for television and radio. She said that she knew where my wife and I came from. We didn't believe it, but she said our pronunciation was very unusual and she wanted to record us speaking. I challenged her to say where we were from. She thought for a bit, and then she said that we came from an area called the New Town in Edinburgh（the New

Town is a beautiful area of Edinburgh that was built in the Georgian period, some two hundred years ago). She was right to within 300 m. She said that the way we speak is officially called 'RP Scottish'. RP stands for Received Pronunciation, which is the way that presenters on the BBC used to speak. RP Scottish means that I speak with a hint of Scottish, probably more obvious after a whisky!

(記：R. Scott Steedman)

演 習 問 題

〔12.1〕 本章の英文例を，頭からすらすら訳で，和文にしてみましょう。

〔12.2〕 本章での表現例が対象としている内容，例えば，土圧について，英語で説明してみましょう。

〔12.3〕 来週までに，地盤系の学術用語で，これまで知らなかった単語を20個ピックアップして，覚えましょう。

13章 水理系での表現例

◆本章のテーマ

本章では，水理系での表現例に則して，英語表現を復習しましょう。水理系の専門用語は，一つずつ自分のものにしていくことが重要になります。

◆本章の構成

13.1　Lagrangian 法と Eulerian 法
13.2　微視的／巨視的な流体モデル

◆本章を学ぶと以下の内容をマスターできます

☞　水理系での表現の学習方法
☞　水理系での専門用語の学習方法

13.1　Lagrangian 法と Eulerian 法

〔例文 13.1〕

① There are two methods for describing motion in a fluid system. ② The first, in which the history of individual particles is described, is called the Lagrangian method, while the second, which focuses attention on fixed points of space, is called the Eulerian method. ③ Parndtl (1952) indicates that both were used by Euler.

④ In the Lagrangian method, the coordinates of a moving particle (e.g., the center of mass of a mass particle) are represented as functions of time. ⑤ To distinguish among the various particles, we label each of them by the coordinates (called fluid, material or Lagrangian coordinates) of the particle's position at some initial time t_0 (say, $t_0 = 0$). ⑥ These coordinates, ξ (ξ, η, ζ), are sometimes also referred to as convected coordinates. ⑦ The position at any later time, t, of a particle initially at point ξ (ξ, η, ζ) is given, in a Cartesian spatial (or Eulerian) system, by its three coordinates:

$$x = x(\xi, \eta, \zeta, t) ; \text{etc} \tag{13.1}$$

(中略)

⑧ In the Eulerian approach we investigate what happens at specific points that are fixed in space within the field of flow as different particles pass through them in the course of time. ⑨ Accordingly, a complete description of the flow involves an instantaneous picture of the velocities at all points in the field, in

---

Technical terms：a fluid system「流体系」, particles「粒子」, the Lagrangian method「ラグランジュ法」, fixed points of space「空間に固定された点」, the Eulerian method「オイラー法」, coordinates「座標（複数形であることに注意）」, a mass particle「質量粒子」, functions「関数」, material coordinates「材料座標（固体の大変形解析では reference coordinates「基準座標」）」, initial time「初期の時刻」, convected coordinates「埋め込み座標」, Cartesian spatial system「デカルト空間座標」, accordingly「これによって」, involves「含む（英語ならではの使い方をしている点に注意。日本語の感覚なら is based on（に基づく）としたくなるでしょう）」, an instantaneous picture「ある瞬間での分布形」

unsteady flow, this instantaneous picture changes with time. ⑩ The Eulerian velocity field, V, is, therefore, given in a Cartesian coordinate system by the components：

$$V_x = V_x(x, y, z, t)\text{ ; etc.} \tag{13.2}$$

―― Jacob Bear：Dynamics of Fluids in Porous Media（1972）より

例文 13.1 は，数式を含んだ表現です。この形式における表現のポイントを示していきましょう（図 13.1）。

図 13.1 水の流れ／時の流れ

全体に，比較的単純な構造の文で書かれているので，読みやすいかと思います。第 3 パラグラフの冒頭の ⑧ が，少し読みにくいかもしれませんので，大まかに分析してみます。

【頭からすらすら訳】

⑧ ［A］オイラー法では，［B］特定の点でなにが起きたかを研究する。

　　［B］'その点は，［C］流れの場の中の空間に固定されている。

Technical terms：unsteady flow「非定常流」，velocity field「速度場」，components「成分」

13.1 Lagrangian 法と Eulerian 法

　　　［D］異なる粒子が，それらの中を，時間とともに，通り抜けていく間に。

【英文の対応箇所】

⑧［A］In the Eulerian approach［B］we investigate what happens at specific points［C］that are fixed in space within the field of flow［D］as different particles pass through them in the course of time.

　⑧の最重要のカタマリ（1章参照）は［B］で，［A］［C］［D］はその追加説明となります。

　例文13.1に戻って，第1パラグラフは①〜③の三つの文で構成されており，そのうちでトピック・センテンス（6章参照）は①で，二つの方法があることをいいます。②でその内容を具体的にフォローします。③は，さらにその追加説明となります。したがって，パラグラフの形式としては，起承にさらに承が続き，転結が省略された形となります。

　第1パラグラフのトピック・センテンスで「二つの方法がある」，と明言しているので，これを受けて第2パラグラフでは，二つの方法のうちの一つの方法であるラグランジュ法についての説明を，自然にはじめることができます。

　このパラグラフも，冒頭の④がトピック・センテンスとなり，ここで，ラグランジュ法は，動く粒子の座標に着目して，それを時間の関数として定義する旨の説明をします。⑤⑥⑦は，それを具体的に追加説明しています。

　⑦は，数式を含む文となりますが，言葉の部分と数式の部分が，コロン（:）で区切られているので，数式の独立性が高い表現となっています。この表現法は，数式の前後で改行が行われて，見かけ上，数式が独立していることとあわせて，比較的なじみやすい表現法といえます。

　第3パラグラフも，同様のパラグラフの形式をとり，ラグランジュ法との対比で，オイラー法の説明をしています。その内容は，冒頭の⑧のとおりとなります。

13.2 　微視的／巨視的な流体モデル

〔例文 13.2〕

① Many other physical phenomena in fluids, observed through their macroscopic manifestations, are the outcome of perpetual molecular motion. ② Among these we have mass transport by molecular diffusion, heat transfer and momentum transfer, which manifests itself in the form of internal friction or viscosity. ③ In each of these cases, because we are unable to treat transfer phenomena on a molecular level, we average the transfer produced by the individual molecules and pass to a higher level-that a fluid continuum, referred to in the preset text as the microscopic level. ④ In order to describe the various transfer phenomena at this higher level, transfer coefficients are needed. ⑤ They are molecular diffusivity, thermal diffusivity, kinematic viscosity, etc. ⑥ Occasionally, to understand phenomena, or the meaning of the microscopic parameters described and their relation to basic molecular properties, it may prove instructive to revert back to the molecular point of view.

⑦ To conclude, our discussion has led us from the molecular level to the microscopic level of treating physical phenomena. ⑧ We now have a fluid continuum enclosed by solid surfaces-the solid surfaces of the porous medium. ⑨ At each point of this fluid continuum we may define the specific physical, dynamic and kinematic properties of the fluid particle. ⑩ Can we, however, solve

---

Technical terms：physical phenomena「物理現象」，fluids「流体」，macroscopic manifestations「巨視的な挙動」，outcome「結果」，perpetual molecular motion「永久的な分子運動」，mass transport「質量運動」，molecular diffusion「分子拡散」，heat transfer「熱伝達」，momentum transfer「運動モーメントの伝達」，manifests itself「の形で現れる」，internal friction「内部摩擦」，viscosity「粘性」，transfer phenomena「伝達現象」，a fluid continuum「流体の連続体（可算名詞）」，microscopic level「微視的」，transfer coefficients「伝達係数」，molecular diffusivity「分子拡散係数」，thermal diffusivity「熱拡散率」，kinematic viscosity「動粘性係数」，revert back「原点に戻る」，solid surfaces「固体表面」，porous medium「多孔質体」，dynamic「動的」，kinematic「幾何学的（運動学的）」，fluid particle「流体粒子」

13.2 微視的／巨視的な流体モデル

a flow problem in a porous medium at this level? ⑪ In principle we have at our disposal the theory of fluid mechanics, so that we may derive the details of a fluid's behavior within the void space. ⑫ For example, we may use the Navier-Stokes equations for the flow of a viscous fluid to determine the velocity distribution of the fluid in the void space, satisfying specified boundary conditions, say, of vanishing velocity, on all fluid-solid interfaces. ⑬ However, as we have already shown, it is practically impossible, except in especially simple cases, such as a medium composed of straight capillary tubes, to describe in any exact mathematical manner the complicated geometry of the solid surfaces that bound the flow domain within the porous solid matrix. ⑭ Moreover, it is often by means of this approach is precluded in view of the discussion presented above, the obvious way to circumvent these difficulties is to pass to a coarser level of averaging-to the macroscopic level. ⑮ This is again a continuum approach, but on a higher level.

—— Jacob Bear：Dynamics of Fluids in Porous Media（1972）より

　一つひとつの文も少し長めですが，文の数もこれまでよりは少し多いパラグラフの例です。スピードを上げて，どんどん読んでいってください。
　第1パラグラフの①では，「種々の物理現象が，分子レベルの運動の結果である」と言っています。②は，これを受けて，該当する物理現象を列挙します。③は，さらにこれを展開して，分子レベルの運動を平均化したものとしての微視的な流体モデルを定義します。この③が，第1パラグラフのトピッ

Technical terms：a flow problem「流れ場の問題」，we have at our disposal「それがある（自由に扱えるものとして）」，fluid mechanics「流体力学」，void space「間隙の空間」，the Navier-Stokes equations「ナビエ-ストークス方程式」，a viscous fluid「粘性流体（可算名詞）」，velocity distribution「速度分布」，boundary conditions「境界条件」，vanishing velocity「ゼロに漸近する速度（場）」，fluid-solid interfaces「流体-固体境界面」，a medium「媒体（可算名詞）」，capillary tubes「毛細管」，geometry「幾何的形状」，flow domain「流体領域」，solid matrix「固相」，is precluded「除外される」，circumvent「回避する」

ク・センテンスとなります。④⑤⑥で，このトピック・センテンスの内容を具体的に追加説明していきます。

第1パラグラフの形式は，複合形式で，

　　　起（①）— 承（②）
　　　起（③）— 承（④）— 承（⑤）— 結（⑥）

となります。結（⑥）は，起（③）— 承（④）— 承（⑤）の結でもあると同時に，起（①）— 承（②）の結の役割も果たします。

第2パラグラフの⑦では，前の段落を集約して提示します。これにより，第2パラグラフの内容は，前の段落の内容と，対になるような内容となることが期待され，⑧のトピック・センテンスへとつながります。⑦が現在完了形，⑧が現在形（now でさらに強調しています）となり，両者の相違を際立たせます。⑨～⑮が，⑧の追加説明となります。

第2パラグラフの形式は，やはり複合形式で，以下のようになります。

　　　承（⑦）— 起（⑧）— 承（⑨）
　　　　— 転（⑩）
　　　　— 起（⑪）— 承（⑫）— 転（⑬）— 承（⑭）— 結（⑮）

結（⑮）は，起（⑪）— 承（⑫）— 転（⑬）— 承（⑭）の結であると同時に，初めの承（⑦）— 起（⑧）— 承（⑨）の結（on a higher level）でもあります。

コ ラ ム

店内でお召し上がりになりますか？

　ファーストフード店にてカウンターに立つと，にこやかな笑顔で，丁寧に，
　　「店内でお召し上がりになりますか？お持ち帰りなさいますか？」
と聞かれます。しかも，客は，「お客さま」として，丁寧に扱われるのが日本です。
　北米などでは，
　　　"For here or to go ?"
などの表現で早口で訊かれます。知らないと，日本人にはフォアラゴという奇妙な単語にしか聞こえず，繰り返し言ってもらっても，また，早口でフォアラ

演 習 問 題

ゴ．そのうち，店員や後ろに並んでいるお客さんのあたりから，不穏な空気が漂ってきたりします．

ちなみに，英語のテイクアウト（takeout / carryout（米），takeaway（英））は，お持ち帰り専用のフード店のこと（転じて，お持ち帰りの品も指します）．北米では Chinese（中華）が多いですが，日本ではお弁当屋さんでしょうか．

この日本語の台詞では，隠れた主語は，お客様（あなた）です．英語の台詞では，オーダーした食べ物やドリンクが隠れた主語となり，お持ち帰りの場合には，これ（食べ物やドリンク）が for here ないし to go となるわけです．お客さんが go するのではありません．

関東ではマック，関西ではマクドと日本語で呼ばれる某ファーストフードチェーン店．英語の発音は，マッダナー（ダにアクセント）のように聞こえます．チャンスがあったら，マッダナーと，英語のスペルを直接カタカナ風にしたという発音と，どちらが通じるか，試してみてはいかが．（記：井合　進）

演 習 問 題

〔13.1〕　本章の英文例を，頭からすらすら訳で，和文にしてみましょう．

〔13.2〕　本章での表現例が対象としている内容，例えば，the Lagrangian and Eulerian methods について，英語で説明してみましょう．

〔13.3〕　来週までに，水理系の学術用語で，これまで知らなかった単語を 20 個ピックアップして，覚えましょう．

14章 計画系での表現例

◆本章のテーマ

本章では,計画系での表現例に則して,英語表現を復習しましょう。計画系の専門用語は,一つずつ自分のものにしていくことが重要になります。

◆本章の構成

14.1 システムと状態
14.2 拘束条件

◆本章を学ぶと以下の内容をマスターできます

☞ 計画系での表現の学習方法
☞ 計画系での専門用語の学習方法

14.1 システムと状態

〔例文 14.1〕

① The concept of system is fundamental to optimization theory. ② We can speak of systems of equations or of physical systems, both of which fall under the broad meaning of the term system. ③ An important attribute of any system is that it be describable, perhaps only approximately and perhaps with probabilistic data included in the description. ④ Systems are governed by rules of operation ; systems generally receive inputs ; and systems exhibit outputs which are influenced by inputs and by the rules of operation. ⑤ Concisely put, "A system is a collection of entities or things (animate or inanimate) which receive certain inputs and is constrained to act concertedly upon them to produce certain outputs with the objective of maximizing some function of the inputs and outputs." ⑥ Although the latter part of this definition tends to be restrictive, the flavor which it adds is in keeping with the objectives of this book.

⑦ In addition to inputs, outputs and rules of operation, systems generally require the concept of state for complete description. ⑧ To bring the concept of state into focus, suppose that the characterizing equations of a system are known and that outputs are to be determined which result from a set of deterministic inputs and/or changes in the system after a certain time τ, knowledge of the state of the system at time τ is the additional information required.

Technical terms: system「システム（このようなカタカナ語は，発音やアクセントが，英語と著しく異なることが多く，カタカナのままで発音すると，英語圏の人には通じない。また英語で発音された際に，聞き取れないことが多いので注意。）」, optimization theory「最適化理論」, the term「用語」, attribute「属性」, probabilistic「確率論的」, description「記述」, governed「制御される」, rules of operation「演算規則」, inputs「入力」, outputs「出力」, entities「存在」, animate「可動」, inanimate「動かない」, constrained「制約される」, concertedly「計画的に（「システマティックに」といってもよいが，ここで，システムを使ってしまうと，循環論法の定義になってしまうので，それを避けている。）」, maximizing「最大化する」, restrictive「制約的」, state「状態」, the characterizing equations「特徴づけする方程式」, deterministic「決定論的」

―― Donald A. Pierre : Optimization Theory with Applications（1969）より

例文 14.1 も，比較的平易な表現形式なので，専門用語が記憶できていれば，読みやすいでしょう．なお，⑤での引用句は，少し長めの文なので，念のため，この文の構造を以下に分析してみます（**図 14.1**）．

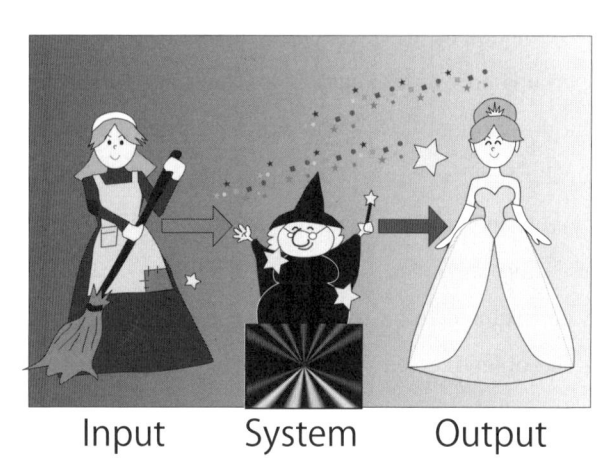

図 14.1　システム

【英文の対応箇所】

　［A］A system is a collection of entities or things（animate or inanimate）
　［B］which receive certain inputs and ［C］is constrained to act concertedly upon them ［D］to produce certain outputs ［E］with the objective of maximizing some function of the inputs and outputs.

【頭からすらすら訳】

　［A］システムとは，複数の存在ないし物（動くものないし動かないもの）の集まりである．

　　［A］'これらの存在ないし物は，［B］ある入力を受ける．

　　［A］'また，システムとは，［C］それらに対して，計画的に作用するように制約されている．

　　　［D］これは，ある出力を生み出すためである．

[D]' これは，[E] 入力と出力のある関数を最大化するといういう目的を持って，である。

⑤の文において，最重要のカタマリは，[A] と [C](andでつながっている)．残りの [B] [D] [E] が追加説明となります。

例文14.1に戻り，第1パラグラフでは，トピック・センテンスが①となり，ここで「システムの概念が，最適化理論の基礎を形成するものである」と述べます。②③④はその追加説明となります。⑤はこれらをすべて集約し，パラグラフの形式では，結の部分に相当します。⑥は⑤の追加説明です。

⑥も英語らしい洒落た言い回しをしていますので，念のため，つぎに和訳を示しておきます。

【和訳】
⑥ この定義の後半部分は，(システムの定義としては) 制約的になるが，それによる性格づけ (それが放つ香り) は，本書の目的と合致するものと言える。

1番目のパラグラフでシステムを定義したのに引き続き，⑦⑧で構成される2番目のパラグラフでは，「状態」を定義します。

14.2 拘 束 条 件

〔例文 14.2〕

① Any relationship that must be satisfied is a constraint. ② Constraints are classified either as equality constraints or as inequality constraints. ③ Arguments of constraint relationships are related in some well-defined fashion to arguments of corresponding performance measures. ④ Thus, if a particular performance

---

Technical terms：a constraint「拘束条件」，equality constraints「等号条件」，inequality constraints「不等号条件」，well-defined「矛盾なく定義された（自己矛盾を含んだ定義は，ill-defined）」，performance measures「性能規準」

measure depends on parameters and functions to be selected for the optimum, the associated constraints depend, either directly or indirectly, on at least some of the same parameters and functions. ⑤ Constraints limit the set of solutions from which an optimal solution is to be found.

⑥ If certain parts of a system are fixed, the equations which characterize the interactions of these fixed parts are constraint equations. ⑦ For example, a control system is usually required to control some process ; the dynamics of the process to be controlled are seldom at the discretion of the control system designer and, therefore, are constraints with which he must contend. ⑧ Likewise, if a system is but a part of a larger system, in which case the former may be referred to as a subsystem, the larger system may impose constraints on the subsystem ; e.g., only certain specific power sources may be available to the subsystem, or the subsystem may be required to fit into a limited space and to weigh no more than a specified amount, or we may be required to design the subsystem using only a limited set of devices because of some a priori decisions made in regard to the larger system.

⑨ Of course, physical systems are designed to satisfy some need. ⑩ In any particular case, conditions exist which must be satisfied if the system is to fulfill its intended purpose. ⑪ If the gain of some amplifier is below a predetermined acceptable level, it must be rejected ; if the percentage of step-response overshoot of a control system exceeds a predetermined level, the

---

Technical terms : the optimum「最適点」, the associated constraints「関連する拘束条件」, constraints limit「制約限界」, the set of solutions「解の集合」, an optimal solution「最適解」, interactions「相互作用」, fixed parts「固定部分」, a control system「制御システム」, some process「過程」, dynamics of process「動的機構」, at the discretion of「の自由になる（に制御される）」, designer「設計者」, subsystem「サブシステム」, specific「固有の」, weigh「重量を持つ」, devices「機器（可算名詞）」, a priori「先験的な（元はラテン語のa prioriで，英語でも，英語に訳さず，そのまま使っている言葉）」, need「必要性」, intended purpose「使 用 目 的」, the gain of some amplifier「増 幅 器 の ゲ イ ン」, predetermined「あらかじめ決まった」, acceptable level「許容レベル」, step-response overshoot「ステップ関数の入力に対する応答でのオーバーシュート」

system will probably not fulfill its task; if a moon-bound rocket from earth misses the moon because of faulty control or design, it has not satisfied an obvious goal; and so forth.

　——Donald A. Pierre：Optimization Theory with Applications（1969）より

　一つひとつの文が短く，かつパラグラフの構成もシンプルなので，スピードを上げて，どんどん読んでいってください。スピードを上げて読めるようになってきたら，一つのパラグラフがつぎのパラグラフへとどのような関係でつながっていき，論旨の展開が行われるかどうかについても，考えながら読んでいきましょう。
　第1パラグラフでは，①がトピック・センテンスとなり，拘束条件を一般的に説明します。②でそれを具体的に追加説明します。③④でさらに追加説明し，⑤で「拘束条件が最適解の選択肢を制約するものである」として，結びます。パラグラフの形式も，標準的な起承転結形式で，③④が丸ごと，転となります。
　第2パラグラフでも，冒頭の⑥がトピック・センテンスとなり，システムにおける拘束条件式を一般的に説明します。⑦⑧は，その具体的な追加説明です。パラグラフの形式は，シンプルな起承のみの形式で，⑦⑧が承になります。第3パラグラフも同様です。
　これら三つのパラグラフのつながり（論旨の展開）に目を向けてみましょう。第1パラグラフでは，拘束条件を説明しています。これを素直に受ける形で，第2パラグラフで，システムの拘束条件式を説明しています。第3パラグラフの冒頭が，Of course ではじめられているところで，今度は拘束条件から一旦離れ，第2パラグラフで導入されたシステムの説明へと，論旨が広がります。

　Technical terms：task「使命」，a moon-bound「月世界行き」，faulty control「欠陥がある制御」

つぎのパラグラフ（ここでは，引用を省略していますが）は，再度拘束条件の話題に戻って，そのさらなる説明へ，と論旨が展開されることが期待されます。実際，引用文献では，そのようなパラグラフが現れます。

コ ラ ム

色即是空

　計画系では，社会学・経済学・心理学など，広い分野の要素が入ってきます。少しスタンスを広く構えて，以下の事柄について，英語圏の人を念頭に，英語で説明してください。コラムなので，リラックスして，取り組んでみましょう。

　　お寺と神社の相違（difference between a temple and a shrine）
　　関東と関西の相違（difference between eastern and western Japanese cultures）
　　能と歌舞伎の相違（difference between No play and Kabuki）
　　色即是空（shiki-soku-ze-ku）
　　一期一会（ichigo-ichi-e）

　まだまだ，面白いのがたくさんありますが，とりあえず，この五つぐらいにしておきましょう。

　ちなみに，色即是空は，All is vanity./All visible things are vain. のような訳が使われるようですが，All is nothing といって，謎をかけ（自己矛盾を提示し）てから，その意味（仏教哲学による宇宙の真理）を解説（する努力を）していくのもよいかと思います。英語圏の人たちは，興味深々，ないしは日本人よりもずっと深く真剣に，このような話で，しばし盛り上がったりします。

　東京生まれの私が京都で生活するようになって間もない頃，カナダの英語圏の友達（恩師）と，国際電話で雑談していて，「関東と関西の相違」の話に及びましたが，間髪入れずに，つぎの台詞で返されてしまいました。

　　"You need a passport!"

（記：井合　進）

演 習 問 題

〔**14.1**〕 本章の英文例を，頭からすらすら訳で，和文にしてみましょう。

〔**14.2**〕 本章での表現例が対象としている内容，例えば，システムと状態変数について，英語で説明してみましょう。

〔**14.3**〕 来週までに，計画系の学術用語で，これまで知らなかった単語を 20 個ピックアップして，覚えましょう。

15章 環境系での表現例

◆本章のテーマ

本章では、環境系での表現例に則して、英語表現を復習しましょう。環境系の専門用語は、一つずつ自分のものにしていくことが重要になります。

◆本章の構成

15.1　低炭素建設産業
15.2　持続可能性

◆本章を学ぶと以下の内容をマスターできます

☞ 環境系での表現の学習方法
☞ 環境系での専門用語の学習方法

15.1 低炭素建設産業

〔例文 15.1〕

① The UK is now embarked on creating a low carbon construction industry. ② By identifying carbon as the primary design determinant industry and the profession will be able to focus much more clearly on the steps that need to be taken to achieve real improvements in performance. ③ By focusing on carbon, alongside cost and time, in construction projects the UK is seeking to create a high-performing industry that can quantify the risks and benefits of its outputs in a meaningful way. ④ With carbon as the currency for sustainability, sustainability will become embedded within the traditional investment decision process.

⑤ New professional skills will be needed. ⑥ "Carbon value engineering" is an obvious example. ⑦ Value engineering is a common process on major projects, using experience in the supply chain to find cost savings in the design. ⑧ In future, the same process will need to drive out carbon as well. ⑨ New models will be needed to support the engineering decision making process, modeling the feasibility and through life performance of projects in terms of carbon as well as cost and programme.

⑩ These models will depend in part on the methods of carbon accounting that are adopted by national governments and international agreement. ⑪ Issues

---

Technical terms：embarked on「(新たな道へ) 出航する」, low carbon「低炭素」, construction industry「建設業」, design determinant「設計決定要件」, the profession「業界を代表する専門家集団」, a high-performing industry「効率性の高い産業」, quantify the risks and benefits「リスクと利便を定量化する」, the currency「通貨」, sustainability「持続可能性」, investment decision process「投資決定過程」, new professional skills「新たな専門技術レベル (日本語のスキルよりも広義)」, value engineering「バリューエンジニアリング」, supply chain「サプライチェーン」, cost savings「経費削減 (コスト削減)」, feasibility「実現可能性 (フィージビリティ)」, carbon accounting「炭素会計」, international agreement「国際協定」.

such as the discount rate for carbon must be urgently resolved as this will have a significant effect on the long term planning for infrastructure provision and the choices available to geotechnical and civil engineers.

　――R. Scott Steedman：Carbon, a new focus for delivering sustainable geotechnical engineering（2011）より

　例文15.1も比較的平易な英文で書かれており，読みやすいでしょう。
　第1パラグラフでは，①がトピック・センテンスで，英国が低炭素建設産業を形成しはじめていることを述べています。②③④がその追加説明となります。パラグラフの形式としては，起（①）― 承（②）― 承（③）― 結（④）となり，④で炭素を持続可能性のための流通貨幣として位置付けることにより，持続可能性も，従来の投資計画の一部として，取り扱われることを述べています。
　⑤以下の第2パラグラフでは，形式的には⑤がトピック・センテンスとなりますが，実際には，これを具体化する説明の⑥が主導権を奪い，この段落で，炭素バリューエンジニアリングの話を述べることが示されます。⑦以降が，その説明となります。パラグラフ形式では，⑥が起承転結の起，⑨が結となり，新たなモデルが産業の決定プロセスに必要になることを述べています。
　第3パラグラフでは，第2パラグラフの結となった⑨で述べた「新たなモデル」を引き継いで，その説明をします。この段落により，炭素の統計（帳簿付け）の概念を引き出して，さらに，つぎの段落へと引き継いでいきます。

　Technical terms：discount rate「割引率」，infrastructure provision「将来のリスクや需要を念頭においた社会基盤整備」，available to「入手可能な」

15.2 持続可能性

〔例文 15.2〕

① The beauty of this image must surely have been a formative influence in the ever strengthening realisation in the final three or four decades of the twentieth century that our planet was finite and could be damaged irreparably by rapacious human exploitation. ② This is not to say that prior to the 1960's people had not realised that environmental matters were a vital concern. ③ In the late nineteenth century John Muir championed the natural beauty of the Yosemite region of California ; many students of English poetry have been captivated by Wordsworth's eighteenth century feeling for the beauty of nature expressed in his poem "Daffodils" ; and about a century earlier than Wordsworth, Basho, during his wanderings around Japan, was able to capture in so few syllables the endless fascination of nature. ④ Perhaps one could use the insights of these prescient individuals as a pointer to an innate human appreciation of the beauty of our world. ⑤ Even so, the realisation that the resilience of our planet could not be taken for granted slowly dawned for large numbers of people only during the second half of the twentieth century. ⑥ The image of earth from space has become a visual expression of this understanding.

⑦ Thus it is very clear that the major driver in our present concern about

---

Technical terms：a formative influence「形を作り上げていく方向の影響」，the ever strengthening「ますます強くなっていく」，decades「10年間（10年間も，まるごと1個とする感覚）」，our planet「わが惑星（地球）」，finite「有限」，irreparably「取り返しがつかないほど」，rapacious「むさぼり食う」，exploitation「酷使」，realised that「気が付く」，a vital concern「重大な懸念（可算名詞）」，championed「擁護した」，captivated「魅了された」，daffodils「ラッパズイセン」，Basho「芭蕉（俳人）」，wanderings around「放浪」，endless fascination「底知れない魅力（魅力が「尽きない」の感覚）」，prescient「先見性のある」，a pointer「指標」，innate「直観的な」，appreciation「感謝，正しい認識」，resilience「しなやかさ（レジリエンス）」，dawned「しだいに気づいてくる（夜が明けてくることから転じた意味）」，large numbers「多数の（複数形）」，thus「このように（この文脈でのthusの使い方は，応用範囲が広い）」，major driver「おもな原動力（運転手ではない）」

sustainability is the widely perceived worry about the ability of our planet to survive the demands placed on it by humanity. ⑧ I think the first reason for our concern about the future of the earth is an aesthetic one : With our knowledge of the beauty of the earth, how could we be so negligent as not to commit ourselves to preservation? ⑨ The second is a moral reason : Who are we to destroy what we have inherited or to pass on to future generations a seriously depleted planet? ⑩ Finally, there is a practical reason : If we do not protect the earth there is a very real possibility that life on our planet will be snuffed out.

—— Michael J. Pender : Designing for Sustainability, From the Big Picture to the Geotechnical Contribution (2011) より

　例文15.2は，1章の冒頭に挙げた例文の段落に続く二つの段落です．冒頭の①で，this image と言っているのは，1章の冒頭の図1.1の宇宙船 Apollo 号から撮影した地球の映像のことです．この段落は，専門用語が少ないので，その意味では読みやすいかもしれませんし，逆に一般的な単語の勉強が足りないと，それが原因となって，読みにくいかもしれません．

　第1パラグラフでは，①がトピック・センテンスで，地球は有限であり，人間による影響で取り返しがつかない損傷を受けるという認識が形成されてきたことを提示しています．②の冒頭の This は，the ever strengthening realisation を受けています．パラグラフの構成も比較的シンプルで，

　　　起（①）— 承（②）— 転（③④）— 結（⑤⑥）

　第2パラグラフでも，冒頭の⑦がトピック・センテンスで，our present concern という概念を持ち出して，議論を展開します．⑧〜⑩は，その追加説明で，列挙形式をとります．

Technical terms：sustainability「持続可能性」，demands「要求」，humanity「人類」，aesthetic「美的感覚」，negligent「無視する」，commit ourselves to「従事する（コミットする）」，moral「道徳的（日本語のニュアンスより，もう少し意味が広い．英英辞典などで，よく調べておくこと）」，inherited「引き継ぐ（遺産相続する）」，pass on to「引き継ぐ」，depleted「枯渇する」，snuffed out「滅ぼす（ろうそくなどを消す，望みを絶つ）」

15.2 持続可能性

持続可能性との関連（普段から仕事や時間に追われている日本人の感覚との対比の観点）で，イラン国テヘラン郊外でのスナップショットを**図 15.1** に示しました。一口に国際社会といっても，それぞれの社会で流れている時間（感覚）は，かなり異なることが多いです。西欧やアジア国々はもとより，いろいろな国際社会に接していくと，新たに目を開かされることも多いでしょう。

図 15.1 窓際に水煙草（みずたばこ）が並ぶ（イラン国テヘラン郊外にて）：きびしく乾き熱せられた外気から逃げこむかのように，大理石がひんやりと心地よい室内に入ると，そこは，オアシス。別世界のゆったりした時間が流れていきます……。

コラム

お返しの心

Let us try to answer a question "what is the most fundamental and important strategy towards achieving the sustainable society?" The answer to this question is obvious to Mr. Ryusho Kobayashi, a priest, Enryaku-ji temple, Mount Hiei, Kyoto (Open symposium, Kyoto University, 2007). "The most fundamental and important strategy is a mind revolution from the current self-centered demand and take-away attitude to a returning and give-away attitude with gratitude." Mr. Kobayashi follows his lecture and strikes the mind of the audience ; "go back to your home and look at your face. Your face is not made instantaneously but has been formed through a long and cumulative process of your life over years. If your mind revolution has been continuing to aim at achieving the returning and give-away attitude, your face will certainly look radiant."

15. 環境系での表現例

　お返しの心と題して，さらっと流して書いた日本語のエッセイ風の文章（以下）の一段落を，英語にした（英語圏の人の英文添削が入った後の）ものです。

　持続可能性を達成するために必要な対策として，最も本質的なものはなんだろうか．比叡山延暦寺の高僧小林隆彰氏は，明快に答える「現代の奪いの心（奪いを基本とする精神構造）からお返しの心へと人間の心を変革していくことだ」と（京都大学公開シンポジウム，2007）．小林氏のさらなるつぎの一言に，500人の聴衆で埋め尽くされた会場がしんとする．「これから家に帰って，自分の顔を見て御覧なさい．人の顔は，長い期間にわたる心の持ち方の積み重ねの結果としてできあがるものですよ．いい顔をしているといいですね．」

　「いい顔をしているといいですね」の最後のくだり，前述の英語のようになるのかと，英文添削していただいて，勉強になりました．

（記：井合　進）

演習問題

〔15.1〕　本章の英文例を，頭からすらすら訳で，和文にしてみましょう．

〔15.2〕　本章での表現例が対象としている内容，例えば低炭素社会について，英語で説明してみましょう．

〔15.3〕　来週までに，環境系の学術用語で，これまで知らなかった単語を20個ピックアップして，覚えましょう．

引用・参考文献

　日本人向けの一般的な英語教材や自然科学系の英語論文の書き方の教材は，コロナ社さんからの出版物をはじめとして，種々のものがあります。書店などで，手にとって，気に入ったものを使っていくとよいでしょう。

　最近では，辞書を引かなくても，webなどで和英も英和も瞬時に翻訳できてしまうので，便利になりましたが，これだけでは英語の力はつきません。Longmanなどの英英辞典によって，実際の使用例を丸ごと暗記していくようにすると，英語の力が驚異的に伸びていきます。簡単な単語ほど，じつは難しい（意味が多数ある）ので，しっかり勉強しなおしていくとよいでしょう。

　in, on, byなどの前置詞も，一見簡単なのですが，日本語のテニオハに相当するところもあり，結構難しいです。本書では触れませんでしたが，英語の心をつかむにはとても重要です。例えば，マーク・ピーターセン『日本人の英語』などを通じて勉強していくとよいでしょう。

　文章の流れや構成については，本書でも繰り返し解説していますが，木下是雄『理科系の作文技術』を通じて，さらに徹底して勉強していくとよいと思います。ロングセラーの名著です。

　国際人としてのコミュニケーションの際に，知っていると得をする知識も本書で解説しましたが，さらにその先を知るには，Morgan, J.：Debrett's New Guide to Etiquette & Modern Mannersがお薦めのようです（recommended by R. Scott Steedman）。

1) 木下是雄：理科系の作文技術，中公新書624，中央公論新社（1981）
2) 地盤工学会：地盤技術者のための英語入門，地盤工学会（1998）
3) マーク・ピーターセン：日本人の英語，岩波新書18，岩波書店（1988）
4) Bear, J.：Dynamics of Fluids in Porous Media, Dover Publication, Inc.（1972）
5) Cook, R.D.：Concepts and Applications of Finite Element Analysis, John Wiley & Sons（1981）
6) Finn, W.D.L.：Seismic Hazards, Mitigating seismic threats to sustainability, in Iai, S.（ed）Geotechnics and Earthquake Geotechnics Towards Global

Sustainability, Springer, pp.21-36 (2011)
7) Kimura, T. (ed)：Geotechnical Centrifuge Model Testing, 地盤工学会 (1984)
8) Longman, Longman Dictionary of Contemporary English, New Edition, Longman (1990)
9) Morgan, J.：Debrett's New Guide to Etiquette & Modern Manners, Headline Book Publishing, Surrey (1996)
10) Oxford Advanced Learner's Dictionary of Current English, Oxford University Press, 5th edition (1995)
11) Peck, R.B.：Fifty years of lateral earth support, Design and Performance of Earth Retaining Structures, ASCE, Geotechnical Special Publication No.25, pp.1-7 (1990)
12) Pender, M.J.：Designing for Sustainability, From the Big Picture to the Geotechnical Contribution, Prologue, in Iai, S. (ed) Geotechnics and Earthquake Geotechnics Towards Global Sustainability, Springer (2011)
13) Pierre, D.A.：Optimization Theory with Applications, Dover Publications, Inc. (1969)
14) Seed, H.B. and Idriss, I.M.：Simplified procedure for evaluating soil liquefaction potential, Journal of the Soil Mechanics and Foundations Division, Proc. American Society of Civil Engineers, pp.1249-1 273 (1971)
15) Steedman, R.S.：Carbon, a new focus for delivering sustainable geotechnical engineering, in Iai, S. (ed) Geotechnics and Earthquake Geotechnics Towards Global Sustainability, pp.75-88, Springer (2011)
16) Taylor, D.W.：Fundamentals of Soil Mechanics, John Wiley & Sons (1948)
17) Timoshenko, S.P. and Goodier, J.N.：Theory of Elasticity, McGraw-Hill Book Co. (1970)
18) Zienkiewicz, O.C. and Bettess, P.：Soils and other saturated media under transient, dynamic conditions；General formulation and the validity of various simplifying assumptions, in Pande, G.N. and Zienkiewicz, O.C. (eds) Soil Mechanics − Transient and Cyclic Loads, John Wiley &Sons, pp.1-16 (1982)

索　引

【あ】

厚　さ
　thickness　148

圧縮波速度
　compression wave velocity　144

安息角
　angle of repose　156

【う】

埋め込み座標
　convected coordinates　165

運動学的な（運動学の）
　kinematic　143, 168

運動モーメント伝達
　momentum transfer　168

【え】

永久的な
　perpetual　168

液状化
　liquefaction　6

演算規則
　rules of operation　173

遠心力
　centrifuge　10

円筒圧縮試験
　cylindrical compression test　159

円筒形の
　cylindrical　148

【お】

オイラー法
　Eulerian method　165

応力解析
　stress analysis　14

応力テンソル
　stresstensor　139

【か】

オーバーシュート
　overshoot　176

解　析
　computation　14

回　転
　rotation　160

解の集合
　set of solutions　176

回避する
　circumvent　169

確率論的
　probabilistic　173

荷　重
　loading　156

荷重投入
　load input　143

片持ち梁
　cantilever　151

過　程
　some process　176

可　動
　animate　173

間隙圧
　porepressure　138

間隙空間
　void space　169

関　数
　function　148, 165

慣性力
　inertia force　139

【き】

幾何学的な
　kinematic　168

幾何的形状
　geometry　169

【か】

機　器
　device　176

基準座標
　reference coordinates　165

強　化
　strengthening　183

境　界
　boundary　148

境界条件
　boundary condition　169

境界面
　interface　169

供試体
　specimen　160

橋梁基礎
　bridge support　7

巨視的な
　macroscopic　168

挙　動
　manifestation　168

許容レベル
　acceptable level　176

亀　裂
　fissure　159

【く】

偶　力
　couple　150

クーロンの式
　coulomb's formula　156

【け】

係　数
　modulus　144

経費削減
　cost saving　181

結　果
　outcome　168

欠陥のある		
faulty		177
建設業		
construction industry		181
原動力		
driver		183
厳密解		
exact solution		150

【こ】

高効率の		
high-performing		181
構造設計		
structural design		156
構造力学		
structural mechanics		14
拘束条件		
constraint		175
剛な平面		
rigid plane		148
勾配		
gradient		139
降伏		
failure		159
合力作用点		
point of application		156
護岸建造物		
waterfront retaining structure		7
国際協定		
international agreement		181
酷使		
exploitation		183
固相		
solid matrix		169
固体表面		
solid surface		168
固体粒子		
solid grains		138
骨格		
skeleton		138
骨格土		
soil skeleton		144

固定点		
fixed point		165
固定部分		
fixed part		176
固有周期		
natural period		144

【さ】

最弱面		
weakest plane		159
最大主応力面		
major principal plane		160
最適解		
optimal solution		176
最適化理論		
optimization theory		173
最適点		
optimum		176
材料座標		
material coordinates		165
砂質土		
sandy soil		6
座標		
coordinates		165
サブシステム		
subsystem		176
サプライチェーン		
supply chain		181
作用する		
act		151

【し】

軸		
axis		150
軸方向		
axial direction		148
軸方向の		
longitudinal		148
次元解析		
dimensional analysis		143
地すべり		
landslide		6

持続可能性		
sustainability	18, 181,	184
実現可能性		
feasibility		181
実線		
full line, solid line		160
質量運動		
mass transport		168
質量粒子		
mass particle		165
地盤		
soil deposit		7
指標		
pointer		183
社会基盤整備		
infrastructure provision		182
重力加速度		
gravity acceleration		139
主応力面（主断面）		
principal plane	150,	160
出力		
output		173
出力率		
gain		176
純せん断		
pure shear		160
純曲げ		
pure bending		150
状態		
state		173
使用目的		
intended purpose		176
初期時刻		
initial time		165
進行性作用		
progressive action		159
人類		
humanity		184

【す】

垂直応力		
normal stress		150

垂直に
　perpendicular　148
数値解
　numerical solution　14
ステップ応答
　step-response　177
すべり面
　surface of sliding　156
寸法
　dimension　148

【せ】

制御システム
　control system　176
性能規準
　performance measure　175
成分
　component　166
制約限界
　constraints limit　176
制約する
　constrained　173
制約的
　restrictive　173
設計
　design　181
設計者
　designer　176
線形
　simple linear　143
先見性のある
　prescient　183
先行圧縮
　precompress　160
せん断応力
　shearing stress　151
せん断過程
　shearing process　160
せん断強度
　shearing strength　159
せん断試験装置
　shear testing apparatus　159

せん断力
　shearing force　151
専門家集団
　the profession　181
専門技能
　professional skill　181

【そ】

相互作用
　interaction　176
増幅器
　amplifier　176
属性
　attribute　173
速度
　velocity　169
速度場
　velocity field　166
速度分布
　velocity distribution　169
側方運動
　lateral movement　6

【た】

対極
　other extreme　148
対称性
　symmetry　148
多孔質体
　porous medium　168
多孔質の
　porous　138
たわみ
　deflection　150
単純化
　simplification　148
単純せん断
　simple shear　160
弾性
　elastic　142
炭素会計
　carbon accounting　181

端点
　end　150
断面
　cross section　148, 151

【ち】

着力点
　point of application　156
中間主応力
　intermediate principal stress　159
柱状の
　prismatical　148
中立軸
　neutral axis　150
直接せん断試験
　direct shear test　159

【つ】

つり合い
　equilibrium　139

【て】

定式化
　formulation　14
低炭素
　low carbon　181
定量化する
　quantify　181
デカルト空間系
　Cartesian spatial system　165
デカルト空間座標
　Cartesian coordinate system　166
電磁場
　electric field　14
伝達係数
　transfer coefficient　168
伝達現象
　transfer phenomenon　168

索引

【と】

等号条件
　equality constraint　175
投資決定過程
　investment decision process　181
透水係数
　permeability coefficient　143
動的
　dynamic　168
動的機構
　dynamics of process　176
動粘性係数
　kinematic viscosity　168
等方性，(等方的な)
　isotropic　144, 159
土質力学
　soil mechanics　138, 143
土層
　soil layer　143
土留め
　lateral earth support　156
土木構造物
　civil engineering structure　6

【な】

内部摩擦
　internal friction　168
流れ場の問題
　flow problem　169
ナビエ-ストークス方程式
　Navier-Stokes equations　169

【に】

入力
　input　173

【ね】

熱拡散率
　thermal diffusivity　168

熱伝導
　heat transfer　14, 168
粘性
　viscosity　168
粘性流体
　viscous fluid　169

【は】

排水
　drainage　160
媒体
　medium　169
破線
　dashed line, broken line　160
バリューエンジニアリング
　value engineering　181

【ひ】

微視的
　microscopic level　168
微小変形
　small deformation　141
ひずみ
　strain　160
非定常流
　unsteady flow　166
美的感覚
　aesthetic　184
非排水の
　undrained　144, 160
比例する
　proportional　151

【ふ】

物体力
　body force　139
物理現象
　physical phenomenon　168
不等号条件
　inequality constraint　175
分子運動
　molecular motion　168

分子拡散
　molecular diffusion　168
分子拡散係数
　molecular diffusivity　168

【へ】

平均体積弾性係数
　average bulk modulus　138
平面
　plane　156
平面応力
　plane stress　148
平面ひずみ
　plane strain　148
ベクトル
　vector　139
変位
　displacement　148

【ほ】

方程式
　equation　173

【ま】

曲げモーメント
　bending moment　151

【む】

無次元パラメータ
　non-dimensional parameter　143

【も】

毛細管
　capillary tubes　169

【ゆ】

有限
　finite　183
有限要素法
　finite element method　14
誘導
　derivation　156

【よ】

擁　壁
　　retaining structure　　*156*

【ら】

ラグランジュ法
　　Lagrangian method　　*165*

【り】

力　学
　　dynamics　　*176*

粒　子
　　particle　　*165*
流　体
　　fluid　　*168*
流体系
　　fluid system　　*165*
流体的連続体
　　fluid continuum　　*168*
流体の流れ
　　fluid flow　　*14*
流体変位
　　fluid displacement　　*140*
流体力学
　　fluid mechanics　　*169*
流体粒子
　　fluid particle　　*168*
流体領域
　　flow domain　　*169*

【わ】

割引率
　　discount rate　　*182*

―― 著者略歴 ――

井合　進（いあい　すすむ）
1974 年　東京大学工学部土木工学科卒業
1974 年～
2001 年　運輸省港湾技術研究所
1980 年　この間，カナダ国ブリティッシュ
～82 年　コロンビア大学客員研究員
1991 年　工学博士（東京大学）
2001 年　独立行政法人港湾空港技術研究所
2002 年　京都大学教授
　　　　 現在に至る

R. Scott Steedman
1980 年　マンチェスター大学卒業（土木工
　　　　 学専攻）
1981 年　ケンブリッジ大学修士課程修了
　　　　 （土質力学専攻）
1984 年　ケンブリッジ大学博士課程修了
1983 年～ケンブリッジ大学講師，セント
2000 年　キャサリン大学特別研究員
2003 年
～09 年　英国王立工学アカデミー副学長
2009 年　ロンドン港管理公社委員
2012 年　英国規格協会（BSI）グループ
　　　　 規格部門所長
　　　　 現在に至る

土木・環境系の国際人英語
Introduction to English for Global Communication of Civil and Environmental Engineering

Ⓒ Susumu Iai, R. Scott Steedman 2013

2013 年 4 月 18 日　初版第 1 刷発行

| 検印省略 |

著　者　井　合　　　進
　　　　R. Scott Steedman
発行者　株式会社　コロナ社
　　　　代表者　牛来真也
印刷所　新日本印刷株式会社

112-0011　東京都文京区千石4-46-10
発行所　株式会社　コロナ社
CORONA PUBLISHING CO., LTD.
Tokyo Japan
振替00140-8-14844・電話(03)3941-3131(代)
ホームページ http://www.coronasha.co.jp

ISBN 978-4-339-05603-7　（中原）　（製本：愛千製本所）
Printed in Japan

本書のコピー，スキャン，デジタル化等の
無断複製・転載は著作権法上での例外を除
き禁じられております。購入者以外の第三
者による本書の電子データ化及び電子書籍
化は，いかなる場合も認めておりません。

落丁・乱丁本はお取替えいたします

リスク工学シリーズ

(各巻A5判)

■編集委員長　岡本栄司
■編集委員　内山洋司・遠藤靖典・鈴木　勉・古川　宏・村尾　修

配本順				頁	定価
1.(1回)	リスク工学との出会い	遠藤靖典／村尾修	編著	176	2310円
	伊藤　誠・掛谷英紀・岡島敬一・宮本定明	共著			
2.(3回)	リスク工学概論	鈴木　勉	編著	192	2625円
	稲垣敏之・宮本定明・金野秀敏　岡本栄司・内山洋司・糸井川栄一	共著			
3.(2回)	リスク工学の基礎	遠藤靖典	編著	176	2415円
	村尾　修・岡本　健・掛谷英紀　岡島敬一・庄司　学・伊藤　誠	共著			
4.(4回)	リスク工学の視点とアプローチ　―現代生活に潜むリスクにどう取り組むか―	古川　宏	編著	160	2310円
	佐藤美佳・亀山啓輔・谷口綾子　梅本通孝・羽田野祐子	共著			
5.	あいまいさの数理	遠藤靖典	著		
6.(5回)	確率論的リスク解析の数理と方法	金野秀敏	著	188	2625円
7.(6回)	エネルギーシステムの社会リスク	内山洋司・羽田野祐子・岡島敬一	共著	208	2940円
8.	情報セキュリティ	岡本栄司・満保雅浩	共著		
9.	都市のリスクとマネジメント	糸井川栄一	編著		
	鈴木　勉・村尾　修・梅本通孝・谷口綾子	共著			
10.	建築・空間・災害	村尾　修	著		

定価は本体価格+税5%です。
定価は変更されることがありますのでご了承下さい。

図書目録進呈◆

土木・環境系コアテキストシリーズ

(各巻A5判)

- ■編集委員長　日下部　治
- ■編集委員　　小林　潔司・道奥　康治・山本　和夫・依田　照彦

共通・基礎科目分野

	配本順			頁	定価
A-1	(第9回)	土木・環境系の力学	斉木　功著	208	2730円
A-2	(第10回)	土木・環境系の数学 ―数学の基礎から計算・情報への応用―	堀　宗朗・市村　強共著	188	2520円
A-3	(第13回)	土木・環境系の国際人英語	井合　進・R. Scott Steedman共著	206	2730円
A-4		土木・環境系の技術者倫理	藤原　章正・木村　定雄共著		

土木材料・構造工学分野

B-1	(第3回)	構造力学	野村　卓史著	240	3150円
B-2		土木材料学	中村　聖三・奥松　俊博共著		
B-3	(第7回)	コンクリート構造学	宇治　公隆著	240	3150円
B-4	(第4回)	鋼構造学	舘石　和雄著	240	3150円
B-5		構造設計論	佐藤　尚次・香月　智共著		

地盤工学分野

C-1		応用地質学	谷　和夫著		
C-2	(第6回)	地盤力学	中野　正樹著	192	2520円
C-3	(第2回)	地盤工学	髙橋　章浩著	222	2940円
C-4		環境地盤工学	勝見　武著		

水工・水理学分野

D-1	(第11回)	水理学	竹原　幸生著	204	2730円
D-2	(第5回)	水文学	風間　聡著	176	2310円
D-3		河川工学	竹林　洋史著		
D-4		沿岸域工学	川崎　浩司著		近刊

土木計画学・交通工学分野

E-1		土木計画学	奥村　誠著		
E-2		都市・地域計画学	谷下　雅義著		
E-3	(第12回)	交通計画学	金子　雄一郎著	238	3150円
E-4		景観工学	川﨑　雅史・久保田　善明共著		
E-5		空間情報学	須畑　純山・一則共著		
E-6	(第1回)	プロジェクトマネジメント	大津　宏康著	186	2520円
E-7		公共経済学	石倉　智樹・横松　宗太共著		近刊

環境システム分野

F-1		水環境工学	長岡　裕著		
F-2	(第8回)	大気環境工学	川上　智規著	188	2520円
F-3		環境生態学	西村　修・山田　裕・中島　岡行共著		
F-4		廃棄物管理学	野中　一隆・山中　裕文共著		
F-5		環境法政策学	織　朱實著		

定価は本体価格+税5％です。
定価は変更されることがありますのでご了承下さい。

◆図書目録進呈◆